软装家居饰品创意设计

孔雪清 编著

U0380426

东南大学出版社
SOUTHEAST UNIVERSITY PRESS
·南京·

图书在版编目（CIP）数据

软装家居饰品创意设计 / 孔雪清编著. —南京：东南大学出版社，2015.6
（分类产品造型创意开发设计丛书）
ISBN 978 - 7 - 5641- 5756 - 2

Ⅰ. ①软… Ⅱ. ①孔… Ⅲ. ①室内装饰设计 Ⅳ. ① TU238

中国版本图书馆 CIP 数据核字（2015）第 111730 号

软装家居饰品设计

出版发行	东南大学出版社
出 版 人	江建中
社　　址	南京市四牌楼 2 号
邮　　编	210096
经　　销	全国各地新华书店
印　　刷	南京顺和印刷有限责任公司
开　　本	787 mm × 1092 mm　1/16
印　　张	12
字　　数	340 千字
书　　号	ISBN 978 - 7 - 5641 - 5756 - 2
版　　次	2015 年 6 月第 1 版
印　　次	2015 年 6 月第 1 次印刷
印　　数	1-2500 册
定　　价	60.00 元

（本社图书若有印装质量问题，请直接与营销部联系，电话：025-83791830**）**

分类产品造型创意开发设计丛书编委会

成 员 名 单

丛 书 主 编：马　宁　佗卫涛

编委会成员：马　宁　孔雪清　佗卫涛
张　婷　李　珂　苗广娜
王　君　侯小桥　王　莉
刘　娟

丛书总策划：杜秀玲

前言

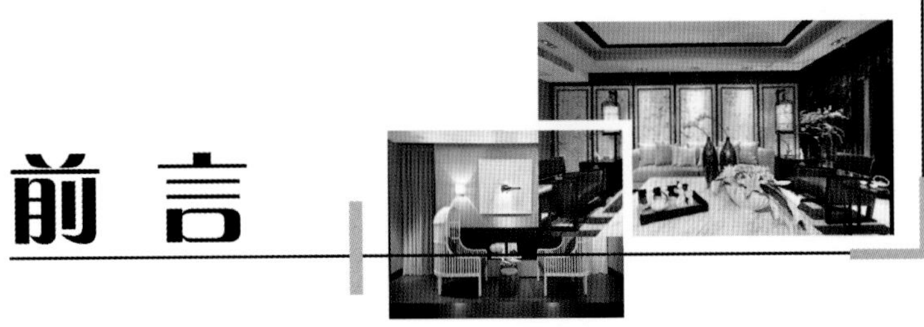

适用于软装中的家居装饰产品领域相当广泛，包括功能性装饰产品如家具、家用纺织品、灯具、餐具、镜子等，以及装饰性产品如壁饰、工艺品、装饰花艺等，其中只工艺品一项，其产品分类又多达数种，在本书中，将这些产品均统称为软装家居饰品。软装家居饰品创意设计涉及设计学、消费心理学、材料学、认知心理学、产品语义学等多个学科和领域的知识。

本书注重实用性和学术性，对软装家居饰品进行了详尽的分类与设计分析，并且将软装家居饰品的适用风格，即软装的涉及风格也进行了梳理。在每一部分，将所介绍的软装家居饰品的品类从造型、材料、色彩等设计元素到产品设计方法与设计趋势等方面进行了详细的分析，本书系统地介绍了软装家居饰品的开发设计方法和其行业常用的材料、制作工艺等技术性知识。图文并茂，并结合优秀设计实例进行对比分析，为从业者提供一定的智力支持和实践指导。

本书为软装家居饰品行业从业者、创业者、大中专学生提供切实可行的智力支持，也是本书的优势。即针对日趋庞大的专业设计、管理人员也兼顾大众消费者，既可以作为学术著作又可以作为大专院校的专业教材使用。

由于编者的知识和掌握的资料有限，本书的内容难免会存在缺陷，希望得到专家和读者的批评与指正。

编者

2015.01

目录

第一章 软装家居饰品概述

一、软装饰的概念

软装设计是一个新兴的行业，即在商业空间与居住空间中所有可移动的元素统称软装。软装的范畴包括家庭住宅空间与商业空间。

软装，即软装修、软装饰，是相对于传统“硬装修”的室内装饰形式的，即在居室完成装修之后利用可更换、可更新的家具、灯饰、布艺、窗帘、摆件、挂画、挂毯、绿植等进行的二次装饰。软装设计根据客户喜好与特定的软装风格对这些软装产品进行设计与整合，最终对空间按照一定的设计风格和效果进行软装工程施工，使得整个空间展现出独特的装饰风格特征。

（一）软装饰

软装饰是一个新兴的行业，同时也是一个有着巨大市场潜力的行业，前景十分广阔。软装饰是相对于建筑本身的硬结构空间提出来的概念，是建筑视觉空间的延伸和发展。软装饰之于室内环境，犹如公园里的花草树木、山、石、小溪、曲径、水榭，是赋予室内空间生机与精神价值的重要元素。它对现代居室的空间设计起到了烘托室内气氛、创造环境意境、丰富空间层次、强化室内环境风格、调节环境色彩等作用，是室内设计过程画龙点睛的部分。在现代装饰设计中，木石、水泥、瓷砖、玻璃等建筑材料和丝麻等纺织品都是相互交叉，彼此交融，有时也是可以相互替代的。随着人们对生活品质的不断追求，早期“轻装修，重装饰”的设计理念渐渐被具体化、放大化，软装饰也随之孕育而生了。

1. 概念

软装饰，又叫软包，除了家居中固定的、不能移动的装饰物之外的（如地板、顶棚、墙面、门窗、建筑造型等），其余的可以移动的、便于更换的装饰物（如家具、灯饰、布艺、窗帘、摆件、挂画、挂毯、绿植等多种摆设、陈设品之类）都可以称为软装饰。软装饰，是指装修完毕之后，利用那些易更换、易变动位置的饰物与家具，对室内的二次陈设与布置。

这种装饰形式根据室内空间的大小、主人的个性爱好、生活习惯、职业特点和经济收入等从整体上综合策划装饰装修设计方案，从而避免了硬装修上的单调性和雷同性，体现出主

人的个性、品位。同时在经济投入上,相对于硬装修一次性、无法回溯的特性,软装修体现出较强的优越性。

易更换的装饰元素可以根据主人的心态变化和季节不同更换不同的色系和风格的软装配饰,从而呈现出不同的面貌,给人以新鲜的感觉。作为可移动的装修,更是营造家居氛围的点睛之笔,它打破了传统装修行业的界限,将装饰品、织物、灯具、室内植物等进行重新组合,形成了新领域中的产品设计理念(图 1–1、图 1–2)。

图 1–1

图 1–2

2. 软装的要求

软装饰的整体设计还要求在进行风格匹配时,考虑到众多不同饰品的主从关系,做到宾主分明,最忌主次不分甚至喧宾夺主。室内的任何一件装饰品,都是室内整体中的一部分,它直接影响着整体的效果。因此,对于每一件软装饰品都应该认真选择。软装饰是室内空间装饰的主题,应以使用者的生理心理行为需要为核心,保证人们在居住空间使用过程中能够感到舒适、惬意。如果说装修只是使我们的室内空间具备了必要的功能,那么软装饰可以说给室内空间赋予了灵魂,风格的确立、气氛的营造和使用者品味的展现都系于此。

（二）软装的发展趋势

相对国外，国内的软装市场起步比较晚，目前仍处于初级阶段，是在新的消费群体的需求下迅速成长起来的新兴行业，但是近几年都是按照百分之几百的速度在增长，按照全国的房地产需求来算，软装市场预估可高达2.7万亿，这个天文数字也让软装行业看起来格外诱人，但是目前国内软装饰的重点集中在工程项目上，相对而言，目前民用市场的消费能力只是冰山一角，作为新兴消费群体，80、90后对自我精神的追求、对生活文化和品味的追求改变了对产品、功能消费的原始理解，生活消费和文化消费逐渐加入了消费者的购买意识。市场空间相当巨大，室内软装设计引导客户整体消费已成为必然趋势，以此所引发的配饰产品设计师、装饰设计公司、产品经营者等专业陈设软装需求，必然会成为一种更大的趋势。

二、软装与硬装的关系

（一）硬装设计

硬装是指除了必须满足的基础设施以外，为了满足房屋的结构、布局、功能、美观需要，添加在建筑物表面或者内部的一切装饰物，也包括色彩，就如同电脑的硬件，故这些装饰物原则上是不可移动的。

（二）软装与硬装的区别

两者的根本区别就是基本可以移动的与基本不可以移动的，这就是软装与硬装的区别。

传统的硬装是在做结构，主要是对建筑内部空间的六大界面，按照一定的设计要求，进行二次处理，也就是对通常所说的天花、墙面、地面的处理，以及分割空间的实体、半实体等内部界面的处理。

软装设计将告别繁琐的硬装施工、图纸渲染和数据计算，有更多的时间可以思考和品味生活。通过自然环境配合业主的生活习惯打造一个舒适、科学的生活空间。不仅要使室内空间美观，还要根据业主的生活起居习惯使其日常活动区域更舒适合理化，同时满足了客户的功能需求和精神需求。

软装配饰设计师更多的则是在传达一种生活理念，以专业知识帮助业主选择更适合自己的家居装饰产品，比如家具、布艺、灯饰、饰品、画品、花品、日用品、收藏品等。

软装饰和硬装饰是相互渗透的。如果说设计创意源自生活，那软装饰则回馈于生活！早期的软装设计以及饰品的选配，更多关注的是怎样用软装来使硬装和主题的设计得到直接的、更好的表现。而在当代，通过对软装中所需配饰产品的材料、配件、造型、色彩等方面元素的考虑，要将软装饰品与硬装融合在一起，如果二者不能很好配合的话，会出现很多跟最初风格定位不一致的设计结果。同样，设计生产此类产品的企业也在时时关注着硬装与软装的流行风格，通常按室内设计师经常运用的装修设计风格作为装饰产品开发设计的风向

标，按风格类别塑造适用的产品形象。

如果把男人的骨架比作硬装，那么软装则是以女性柔美的姿态将其付诸灵气。在配饰陈设中，有些看似随性却充满生活品位的作品，它们都是以硬装为骨架、软装为灵魂的形式游走于各个空间，通过色彩的甄选、材质的碰撞、体量的包容使空间更为立体！

三、软装家居饰品

（一）概念

家居空间的软装饰品种类繁多，产品琳琅满目。根据软装饰品在空间中的不同作用，对家居空间软装饰品进行了不同的分类，主要分为功能性产品及装饰性产品。

（二）软装家居饰品的材料

材料的性能、质感、质地和纹理组合一起称为材质。材料的质感中含有丰富的感情功能。软装中使用的家居装饰产品，往往要利用此功能，向人们展示一个情感特征的物质财富，甚至表达某一主题思想，这样运用材料给予的不同风格与感受来打造符合软装风格特征所需的配套产品，能够赋予硬装以风格的灵魂，从而达到预期的装修效果。

材料质感的每一种要素，包括形态、质地、色泽以及肌理等对材料表征的形成都格外重要。不同的材料给人的感觉会有所不同，如光滑度、平整度、冷暖感、软硬感等等。这些纹理特征，也是相对的，同样的材料，不同的组合，造成的心理感受是不同的。

1. 木质

人们对木质材料家具的喜爱，由来已久。木材主宰着室内设计的各个内容，墙板、地板、楼梯到木雕、门和家具，无一不包。木制品，给人以厚重的感觉，木制品的使用，使空间倍加了沉稳感，而木制品，因其加工工艺的成熟，造型的多变，又可在细节部位作为点缀，所以产品的形象发挥程度较宽泛。此外，天然软木因其吸音、保温、减震等优越性能，深受时尚人士喜爱。既实用、舒适，又环保，是一种理想的打造软装饰品的材料。随着技术与设计的发展，木质材料也逐渐出现在装饰产品中，在软装饰品中，目前不乏出现优秀的木质饰品（图 1–3）。

图 1–3

2. 金属

金属柔软如水，又变幻莫测。对艺术家和设计师来说，真是不可多得的上帝造物。艺术性与工艺性的高度融合，创造了其他材料难以企及的惊人魅力，实为现代软装独特的设计语言，对于空间品质的提升起到极佳的作用（图 1–4）。

金属材质是时尚个性的代表，铁艺和不锈钢等材质是制作个性家具的首选，但从使用角度考量，难免存在冰冷感、冷漠孤傲、不

图 1-4

安全等弊端。喜欢金属材质不拘一格的效果，却又担心整体使用不切实际，这样的问题并非不能解决，比如用混搭的方法处理金属材料在家居饰品中的运用，掌握好材料与造型的配比关系，既可以减低金属的冷漠感，相反可以使自然与传统的材料显现出新时代的面貌，打造出目前较为流行的新古典风格下适用的家居装饰产品。例如，一把圈椅或官帽椅造型的实木座椅，外形与材质均略显古板，但只要在局部点缀上金属材料，现代个性效果立即显现，使得使用了金属材料的产品更多了些温情之感。

3. 纸艺

纸艺纸品的类型很多，有形态逼真的手工纸艺花，有质感突出的立体画，还有雅致细腻宛如蕾丝图案的帕吉门纸画。不同的纸艺作品因为所选用纸的不同也都别具风格：制作纸艺花的纸藤，表现力强、颜色多且柔软，裁剪卷曲就可弯折成花瓣，然后用特制的铁丝将花瓣固定；而以刀刻技巧为主的立体画，则是完全不同的另一种感觉；将印有同样图案的纸根据层次的需要，按顺序重叠起来便组成了一幅画（图 1-5）。帕吉门工艺画是源自国外教会的一种古老的手工艺，最早用羊皮作材料，而后才用纸代替。在纸艺饰品的图案中，你可以看到各种不同的表现色彩和造型。

纸灯的材质主要是纸和金属。但并非所有的纸都能用于做纸灯，市面上的纸灯多数采用牛皮纸做成，具有相当好的韧性，不仅打消了人们有关纸灯不结实的顾虑，而且非常容易打理。

另外，绢也因为它的柔美成了纸灯的新材料。目前，市场上的纸灯层出不穷，甚至出现了一种特殊的纸灯材料，脏了以后还可以直接用水冲洗，可谓别出心裁。很多人会担心“纸

图 1-5

灯怕不怕烧”，其实，只要不超过规定瓦数，灯是能够保证安全的，而且灯架是用钢材焊接而成，质量不会有问题。

4. 陶瓷

中国是陶瓷的起源地，这股风尚从唐朝开始就风行整个世界，无数达官显贵、风流名士都对“Made in China”的瓷器趋之若鹜。许多陈设设计师都将陶瓷融入到自己的设计灵感当中，长久地成为风靡大陆、欧美的热潮。从最简单的装饰品到生活用具，已经成为今天为了表现修养与内涵的陶瓷文化现象。但陶瓷独特的魅力、沉积的艺术底蕴使得很多人对于陶瓷在软装陈设中的应用并不十分了解，许多人的理解层面只停留在简单的摆设装饰。而实际上，如今的陶瓷陈设已经脱胎成各种艺术形式，用以提升空间的整体效果。最初的陶瓷陈设设计，基本上只依存色彩搭配理论，许多人只会在诸如暖色调就摆上青花瓷，冷色调就摆上釉里红，起到视觉冲击的跳跃感。而现在更注重的是设计艺术和创意概念，很多欧美家庭和酒店都会将瓷瓶或者瓷盘搁置在墙上，配合了金属挂钩、雕花底座的整体效果，使单调的墙面充满层次感，并且珍贵的陶瓷重器也具备较高的收藏价值（图 1-6）。

图 1-6

虽然从根本上来说，陶瓷陈设并没有硬性的法则条令，但对于酒店、会所、家居来说又各不相同。酒店和会所的陶瓷陈设基本上对陶瓷摆件的价值和器形的要求较高，在安放的展柜和宝笼里搁置，用意体现实力和内涵；家居中风靡的陶瓷陈设偏向独特和简约。中国的瓷器陈设器形较多，通过博古架、桌饰等一同配饰于家庭陈设的风格。

5. 玻璃

玻璃给人以通透、清爽的感觉，如果室内空间摆放些玻璃饰品，可让空间变得明朗和清新，每天观赏会有不错的心情。

玻璃家具一向以清透利落与个性时尚闻名，但有责任感的设计师通常建议谨慎使用。行内人士不赞成消费者在家中摆放过多玻璃家具，即使放置，玻璃的面积也不能太大。玻璃的装饰效果的确无可替代，厚重死板的木质餐桌如果搭配玻璃桌面立刻能变得活力四射；略显老旧的铁艺边几搭配玻璃饰面，都市感展露无遗，但隐藏在这些美好视觉效果后的安全隐患，却不容忽视。

同样，要美观不要安全的设计方案也不可取。在以玻璃为载体完善设计思路时，更需小心谨慎，因为玻璃饰材，看起来大气通透，但可塑性低，使用上也需技巧。图 1-7 中的两件现代家具设计，巧妙地运用了两种不同风格与质感的材料进行混搭。上图的设计，将木质的天然纹路用玻璃进行取代，打造穿流而过的自然景象；下图的设计，将玻璃的特性进一步深刻挖掘，运用简单的堆积与切割来表现大自然中海底变幻起伏的景象，将深邃的大海搬到家中。这两件作品都是根据玻璃材质的特性与加工时的工艺进行创意设计，可见，优秀的作品，材料也是一个重要的因素。

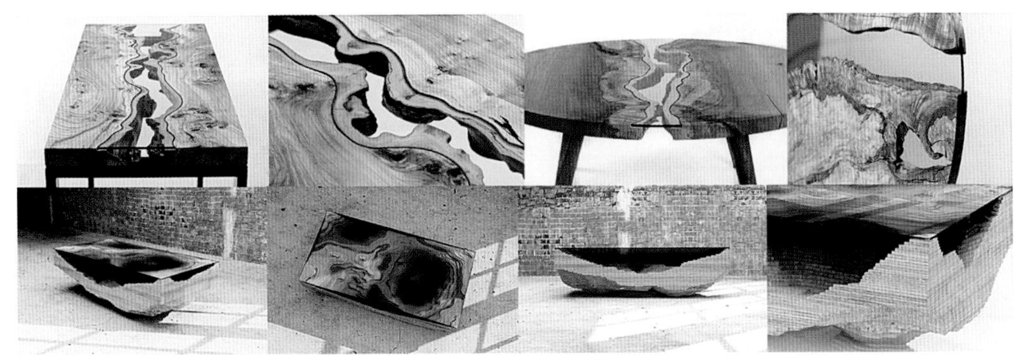

图 1-7

6. *石材*

在讲究时尚和个性的今天，天然石材因其自然的纹理和漂亮的色泽，早已成为室内设计师的创作元素。从墙面、地面、桌面到门台石、窗台石等等，你会发现石头已不知不觉成为现代人居室中不可或缺的部分。甚至那些看起来似乎跟石头无缘的家具，如茶几、桌子、椅子等都纷纷被石头征服了，让家居有了一种回归大自然的味道。

石头，一向给人硬邦邦的感觉，人们对它最直观的印象就是厚重。但石头简洁流畅的线条，色泽鲜明的对比，往往让家居主人看上去感觉很舒服。不少业主喜欢用天然石子作为点缀，表现一种源于自然的美。一些家具品牌更是推陈出新，除了大面积使用石材的餐桌、茶几，连不少大件家具诸如衣柜、床都镶嵌玉石，颇有延续中国古典家具的风韵。

其实，石头软装饰品在家具设计风格上，更多的却是融合欧美流行的新古典主义手法，显得清雅脱俗。诸如石头做的艺术墙给人一种抽象的感觉，留下无限的遐想，显示出室内空间和主人的艺术品位；而云石做成的石灯古色古香，给人的感觉既古朴典雅，又高档华丽，具有鲜明的艺术特色。这些欧美风尚的石头家饰，既充满了艺术感，也给家居带来清雅脱俗的味道。

室内风格往往变化多样，而石头品种也是丰富多彩，让人目不暇接。那么不同的装饰风格应该如何搭配不同的石材呢？这里面有讲究，一般来说，暖色调的黄蜡石做成的假山景观适合欧式风格；而比较便宜的冷色调英石做成的假山，则更适合中式家居的氛围，像一幅水墨画，摆在哪里都是一处亮丽风景。

石头饰品，已经不再给人硬邦邦的感觉，它既有清凉的一面，也有温馨的一面，我们完全可利用石头独特的文化内涵，将它最美的一面融入到室内空间氛围之中。图 1-8 中，展示的是两种不同材质表达大自然中鹅卵石的形态语义，尤其是第一款抱枕设计，形态语义准确传达光滑硬实的鹅卵石形象，但材料的运用又赋予了产品柔软舒适的使用功能，将产品创新设计中的反向思维恰到好处地借材料进行体现。这款日式风格的调料瓶组合，真正运用模仿的手法，将圆润的自然形态很自然地摆放到了现代居室的餐桌上，这样的手法又是日式设计的标准风格。

现代产品的开发设计中，材料的运用尤为重要。同样的造型，采用不同的材料以及加工工艺，会得到完全不同风格的产品形象。对于软装家居饰品的设计，由于其要与硬装以及软装设计风格相互呼应，因此对于产品形象的准确塑造就显得尤为重要，正确地选择材

图 1-8

料，才能将创意设计的理念准确表达出来，也可以根据不同的装饰风格来选择适用的产品设计材料。

（三）软装家居饰品构成元素

家居空间的软装饰品种类繁多，产品琳琅满目。根据软装饰品在空间中的不同作用对家居空间软装饰品进行了不同的分类，主要分为功能性产品及装饰性产品。

第二章 软装家居饰品之功能性家居饰品

功能性家居饰品是指既具备某种家居生活的实用功能，又具备装饰功能的产品。包括家具、家用纺织品、灯具、餐具、镜子等。

一、家具

家具，是一种生活必需的元素，在人类社会活动中扮演着重要角色，它既是物质产品，又是艺术创作，是某一历史时期社会生产力发展水平的标志，是某种生活方式的缩影。就家具自身而言，它是没有感情的，但是，一旦家具与人们的生活发生联系，便成为人们表达情感的工具。在室内装饰设计中，家具的运用，就如同服装运用于人体，因为家具除了满足基本的生活起居的要求之外，还体现出居住环境的完整设计风格，反映出居住者的职业特征、审美趣味和文化素养。

家具的设计，并不是简单意义上的可供随意摆放，而是注重空间规划、布局以及功能使用等要求，以不同形式与风格体现室内的风格效果及艺术氛围。家具的选择关系到室内设计的整体效果，空间则通过室内陈设（家具）的“软环境”传递着设计师的设计主题及创作思想。以家具为主要途径展开的室内装饰设计，同时也体现出主人的独特品位和文化素养。因此，家具的设计，兼顾着功能的实现与风格的打造（图 2–1）。

图 2–1

家具包括材料、结构、外观形式和功能 4 种因素，其中功能是先导，是推动家具发展的动力。任何一件家具都是为了一定的功能目的而设计制作的。

（一）家具的分类

1. 按使用功能分类

坐卧类：主要指床、沙发、椅等，此类家具根据人体工程学的原理，尺度要求较高。它必须按照人的坐卧、支撑点及体积分布规律来设计，以达到人们仰、卧、起、坐等姿势的最好舒适度。

学习工作类：主要指办公桌、椅、书柜、写字台等。

储藏物品类：主要指衣橱、酒橱、玩具橱、衣架、鞋帽等。

陈设展示类：主要指博古架、花台、屏风等。此类家具主要起装饰作用，它与其他室内装饰品共同发挥其美感效能。

辅助生活类：主要指电视机柜、茶几、梳妆台、床头柜等小件家具。此类家具虽不是主要家具，但与人的日常活动有密切关系，它的设计与选择仍要服务于人，适宜于人。

2. 按使用材料分类

不同的材料有不同的性能，其构造和家具造型也各具特色。家具可由单一材料制成，也可和其他材料结合起来使用，各有优势。例如，木制家具、藤竹家具、金属家具以及塑料家具。

3. 按结构形式分类

有柜式家具、板式家具、注塑家具和充气家具之分。

4. 按家具组成分类

有单体家具、配套家具、组合家具等。

5. 按摆放空间分类

有客厅家具（包括起居室家具）、餐厅家具、书房家具、卧室家具（包括主人房家具、父母房家具、青少年房家具）等。

（1）客厅家具

客厅是生活、工作、休闲与娱乐等事宜的活动空间。起居室顾名思义供居住者会客、娱乐、团聚等活动的空间。起居室这个概念在中国似乎还不是十分盛行，人们更多地接受的是客厅这种说法。在家庭的布置中，客厅往往占据非常重要的地位，在布置上一方面注重满足会客这一主题的种种需要，风格用具方面尽量为客人创造方便；另一方面，客厅作为家庭外交的重要场所，更多地用来彰显一个家庭的气度与公众形象，因此规整而庄重，大气且大方是其主要风格追求。相对于正式客厅而言，起居室更倾向于作为家庭活动中心，是家人读书、休闲以及和来访客人亲密交谈的地方。家具也在无形中制造出一种和睦的居家气氛。

当今的客厅家具设计，其实是设计一种新的生活、工作、休闲与娱乐的方式。人们讲究客厅家具的色调与居室的硬装修相协调，同时能体现主人的性情和爱好。客厅家具注重“以人为本”的功能需求，趋于简约、清瘦、实用，又要能体现出主人的性情和爱好，其本质是为了让家具适应人的生活而不是人来适应家具。

客厅家具的构成有沙发、茶几、角几、玄关几、咖啡几、电视柜、地柜、鞋柜、花架、报架、

CD 架、陈列柜、酒柜。

客厅家具的色调与现代居室的硬装修环境相协调，同时又能体现出主人的性情和爱好，将是未来客厅家具流行色调的个性化主题。从另一个角度来讲，家具的设计与家装的风格与趋势是密不可分的。

现代的客厅家具让人们欣喜地发现了让家具适应人的生活而不是人适应家具的好处。沙发，放弃了所有花哨的细节，方方正正，纯色，柔软，棉布，深藏青或者铁锈红，或者干脆米白，配上银色脚。即使是真皮沙发，或者再欧范一点，扶手也简化成了弧线，雕花不见了。

茶几，也不是看电视时候放点零食水果的地方，更多时候是一种摆设，那么，丢掉繁琐花哨、扰人眼目的细节，也是一种设计趋势。

追求个性张扬的现代都市青年大多喜爱把客厅布置成我行我素的感觉，营造出个性化的天地。因此，无论从色彩上还是造型上都会寻求简洁明快、对比强烈的视觉效果。且不论这种感觉的起源是否来自于人类最基本的审美心理，但至少在这个已然五光十色的网络时代中，年轻人的心注定将飞扬于简洁明快的时尚风格中。在客厅家具的选择与布置上，每一位都市青年都会将目光流连于那些创意巧妙、明朗大方的现代主义作品上，只有在那种轻松的风格中才能寻找到属于自己的那一份梦想与感觉。因此，大多数青年风格的客厅家具作品都不会出现繁琐臃肿的装饰，它们的色彩应该是以中性为主，并搭配以其他反差强烈、突出的亮丽色调，形成总体和谐、细节醒目的特色。而在造型上则大胆抛弃一切有碍于主体线条的结构，利用巧妙的结构与精密的细节处理来弥补因造型简洁而有可能带来的空洞感。

此外，生活在城市中，更多人喜欢在家中添点自然气息，希望把紧张的工作压力散发在自然感觉中。用木材制作家具，是人们心目中永恒的追求。关键是怎样把木材的品质发挥得淋漓尽致。另外，玻璃、织物和皮革等材料能体现家具产品的质感和亲和力，也受到了人们的欢迎。调查显示，希望家具用木材的占了 42%；用玻璃、皮革、织物占 38%；其他占 20%。

（2）餐厅家具

餐厅是人们就餐的场所。餐厅家具的款式、色彩、质地等需要精心设计与选择，因为用餐的舒适与否跟我们的食欲有很大的关系。餐厅家具要注意按风格进行处理，应配备餐饮柜，用以存放部分餐具、用品（如酒杯、起盖器等）、酒、饮料、餐巾纸等，如有可能还应该考虑设置临时存放食品用具（如饭锅、饮料罐等）的柜子。

餐厅家具式样中，最主要的家具就是餐桌。

餐桌的设计与选择，首先要确定用餐区的面积有多大。不论是具有专门的餐厅还是客厅、书房兼任餐厅的功能，首先要确定所能占用的用餐空间的最大面积是多少。

如果房屋面积很大，有独立的餐厅，则可选择富于厚重感觉的餐桌以和空间相配；如果餐厅面积有限，而就餐人数并不确定，可能节假日就餐人员会增加，可选择目前市场上最常见的款式——伸缩式餐桌，即中间有活动板，平时不用时收在桌子中间或拿下来，不要为了一年仅三四次的聚会而买一个特大号的餐桌。

面积有限的小家庭，可以让一张餐桌担任多种角色，如既可以当写字台，又可以当娱乐消遣的麻将台等。在没有独立餐厅的家庭里，首先要考虑的是餐桌能够满足家庭所有的成员吗？它收拾起来是不是很方便？因此目前市场上多见的可折叠的餐桌比较适合选用。

其次，可根据居室的整体风格来进行选择。居室如果是豪华型装修的，则餐桌应选择相应款式,如古典气派的欧式风格;如果居室风格强调简洁,则可考虑购买一款玻璃台面简洁大方的款式。老餐桌也不一定非得丢掉,在如今讲求自然风格的潮流下,如果您拥有一款实木的老式餐桌,则可以把它搬入新家,只要在上面铺上一块色泽与装修协调的桌布,也另有一份雅致。

餐桌的形状对家居的氛围有一定影响。长方形的餐桌更适用于较大型的聚会;而圆形餐桌令人感觉更有民主气氛;不规则桌面的,如像一个"逗号"形状的,则更适合两人小天地使用,显得温馨自然;另有可折叠样式的,使用起来比固定式的灵活。

餐桌是格外需要烘托的。有人说一张餐桌就是一个任由您打扮的模特。为了要显出它独特的风格,可选择不同的桌布,如简朴的麻质桌布表现出一种传统风味,鲜艳明亮的桌布则能令人感到一种欢快活泼的气息。

餐椅结构要求简单,造型及色彩要与餐桌相协调,并与整个餐厅格调一致。在空间较小的餐厅中,最好使用折叠式的餐桌椅,可有效地节省空间。

餐厅家具更要注意风格处理,所采用的风格应与家庭硬装修的风格相统一。如显现天然纹理的原木餐桌椅,充满自然淳朴的气息;金属电镀配以人造革或纺织物的钢管家具,线条优雅,具有时代感,突出表现质地对比效果;高档深色硬包镶家具,显得风格典雅,气韵深沉,富涵浓郁东方情调。在餐厅家具的安排上,切忌东拼西凑,以免让人看上去凌乱又不成系统。

(3)书房家具

书房是阅读、书写及业余办公的场所,要求品位很高。要求陈设精致,注重简洁、明净。书房家具从使用功能上主要分为书桌、座椅、角几、书柜等。

(4)卧室家具

卧室是所有房间最为私密的地方,也是最浪漫、最个性的地方,它不仅提供给我们一个舒适的安睡环境,还兼具储物的功能。卧室应具有安静、温馨的特征,室内物件的摆设都需要经过精心设计。

卧室家具主要包括床、梳妆台、衣柜、床头柜、床尾凳等。

(二)家具在室内环境中的作用

1. 利用空间,组织空间

利用家具来分隔空间是现代室内环境设计中的一个主要内容,在许多设计中得到了广泛的应用。如在现代居室设计中,利用壁柜来分隔空间,在餐厅中利用桌椅来分隔用餐区和通道,在通道、商场、营业厅中,用货架、陈列柜来分隔划分不同性质的营业区域等。因此,家具在分隔和组织室内空间中具有重要作用。

2. 建立情调,创造氛围

家具和建筑一样,受到各种文化思潮和流派的影响。从古至今,千姿百态,无奇不有。家具既是实用品,也是工艺美术品,这已成为共识。所以家具应该是实用与艺术的结晶。此外,在现代室内设计中,常利用家具表达一种思想、一种风格、一种情调以及营造一种氛围,来满足某些要求和达到某种目的。像现代社会流行的传统家具(中式、欧式),怀旧情调的仿古家具,回归自然的乡土家具,崇尚技术、形式的现代抽象组合家具等,都反映了各种不同思想和审美要求。

二、家用纺织品

家用纺织品又叫装饰用纺织品、家纺品，与服装用纺织品、产业用纺织品共同构成纺织业的三分天下。

作为纺织品中重要的一个类别，家用纺织产品在居室装饰配套中即“软装饰”中具有举足轻重的地位，它被统称为软装中的“布艺”饰品，它在营造与环境转换中有着决定性的作用。家纺品从传统的满足铺铺盖盖、遮遮掩掩、洗洗涮涮的日常生活需求一路走来。如今的家纺行业已经具备了时尚、个性、保健等多功能的消费风格，家用纺织品在家居装饰和空间装饰中已经成为市场的新宠。

（一）软装中家用纺织品的分类

如果按在软装中的功能划分，家用纺织品主要包括窗帘、床上用品、地毯等。

1. 窗帘

都说眼睛是心灵的窗户，而窗户正是居室的眼睛，窗帘则是窗户的“灵魂”。窗帘在满足使用功能的同时，更能体现室内环境的气氛与情趣。在室内空间中如悬挂一幅色彩和谐、图案新颖的窗帘便可使得整个室内顿生光彩，给人美好的视觉感受。因此，窗帘在室内空间中具有举足轻重的地位，它能表达出更为丰富与生动的空间层次，发挥着巨大的功效（图 2-2）。

图 2-2

（1）窗帘在软装中的功用

窗帘能丰富室内空间形态，主要表现在改变室内空间格局及增加空间层次两方面。室内空间格局难免有不如意之处，会出现比较冷硬、空间感过高或过低、空间面积过大或过小等现象。将窗帘进行竖向或者横向悬挂，能在心理起到划分空间的作用，使得空间具有很大的灵活性，从而改变室内空间的格局，丰富空间的形态。窗帘与室内空间相比在体量上相对

较小，与墙体、地面等建筑界面所形成的陈设背景相比，更能吸引人们的视线，增加室内空间的层次感。窗帘以其特有的形态、色彩、质感、图案等，创造着丰富的室内空间层次。竖条图案的窗帘可以使房间“增高”。在层高不够的情况下，房间面积过大，或是在装修时做了吊顶，都会给人一种压迫感。最简单的做法，就是选择色彩强烈的竖条图案的窗帘，而且，尽量不做帘头。采用素色窗帘，显得简单明快，能够减少压抑感。室内空间有各种不同功能要求，因此窗帘的选择与运用，无论题材、构思、构图或色彩、图案、质地等，都必须服从空间的功能要求。窗帘具有千姿百态的造型、缤纷的色彩和丰富的质感，因此，它还具有改善空间功能的作用。概括起来，主要有保护隐私、调节光线、调节温度、吸音隔噪、装饰等功效。

（2）窗帘的组成与类型

窗帘由帘体、配件、辅料三大部分组成。帘体包括窗身、窗帘头、窗幔、窗纱等部分，是窗帘的主要部位。配件由窗帘杆、窗帘钩、窗帘扣、窗帘轨道、窗帘挂钩、窗帘盒等组成，是窗帘的主要结构部件。辅料由窗樱、帐圈、饰带、花边、窗襟衬布等组成，是窗帘的装饰构件。起到点缀及呼应窗帘整体造型的作用。

窗帘样式选择首先应当考虑居室的整体效果，其次应当考虑窗帘的花色图案是否与居室相协调，然后再根据环境和季节权衡确定。此外，还应当考虑窗帘的式样和尺寸，小房间的窗帘应以比较简洁的式样为好，大居室则宜采用比较大方、气派、精致的式样。

窗身的尺寸一般与室内空间的高度、窗户的大小相协调。其宽度尺寸，一般以两侧各比窗户宽出 10 cm 左右为宜。底部应视窗帘式样而定，短式窗帘也应长于窗台底线 20 cm 左右；落地窗帘，一般应距地面 2 ～ 3 cm。窗幔是装饰窗不可或缺的部分，一般用与窗身相同的面料制作，款式上有平铺、打折、水波、综合等式样。窗帘百褶要达到丰满效果，可采用 3（布料宽度）∶1（窗帘宽度）的比例，2.5（布料宽度）∶1（窗帘宽度）的比例亦可。

窗帘种类繁多，依据开合方式、材质、造型、长度、用途、室内风格等的不同，可分为不同的类型。目前文献资料以及窗帘市场中多依据开合方式的不同，将窗帘分为平拉式窗帘、掀帘式窗帘、升降式窗帘、绷窗固定式窗帘、半悬挂式窗帘和窗幔式窗帘六种基本类型。

①平拉式窗帘

平拉式窗帘式样平稳匀称、简洁，大小随意，无任何装饰，是一种最普通的窗帘式样，式样比较单调，但如果采用合理的制作方式并运用适合的辅料，也能够产生赏心悦目的视觉效果。该形式的窗帘根据其拉开形式的不同可分为一侧平拉式和双侧平拉式，开启方式灵活方便，制作和安装均比较简单，悬挂和拉掀都很简单，适用于大多数窗（图 2–3）。

图 2–3

②掀帘式窗帘

掀帘式窗帘的帘头一般固定在窗帘杆或窗帘轨道上，窗身可掀向一侧后固定在窗帘扣上，也可向两侧掀起固定在两边，窗身形成柔美的弧线，造型优雅大方，还可在窗帘中间系一个蝴蝶结，以发挥其

更好的装饰作用(图 2–4)。

掀帘式窗帘形式也较为普通,并拥有较多使用者,适合高大室内空间中面积较大的窗户,既造型独特又方便开启。

③升降式窗帘

升降式窗帘造型简洁大方,开启灵活自由,可根据光线强弱以及使用者的需求而上下自由升降,能够达到既遮阳又不影响光线的效果。但因升降式窗帘多以小页单幅的造型为主,常被运用于室内空间中宽度小于 1. 5 米的窗户上(图 2–5)。

④绷窗固定式窗帘

绷窗固定式窗帘的窗身上下两端分别套在窗户上下两个窗帘杆或窗帘轨道上,可左右平拉展开,也可使用饰带或蝴蝶结在中间系住,以达到一定的装饰效果,造型独特,简单实用。这种式样常用在空间中不常开启的玻璃窗上,如阁楼、卫生间或浴室等。

⑤半悬挂式窗帘

半悬挂式窗帘一般悬挂在窗户的下半部,起到一定的遮挡和装饰作用,造型活泼而简单,并能够营造出轻松活跃的室内气氛。适用于对室内空间隐私要求不太高的场所,如临街的商店或咖啡馆。

⑥窗幔式窗帘

窗幔式窗帘是在平拉式和掀帘式窗帘的造型基础上演化而来,主要有直式窗幔窗帘和曲式垂花式窗幔窗帘两种类型。窗幔是指窗帘上端造型新颖别致的一种短布帘,其造型丰富、式样考究,虽形式有些许复杂,但艺术装饰效果好,它可以很好地遮挡较粗糙的窗帘杆以及窗帘顶部和房顶的距离,使得整个室内更整齐漂亮。该形式的窗帘常被运用在具有古典风格和田园风格特色的室内空间当中(图 2–6)。

同时,还有其他多种分类方式,如按照材质的不同可分为棉质窗帘、麻质窗帘、丝质窗帘、木质卷帘、竹质卷帘、铝合金百叶帘、人造纤维卷帘等;按照款式的不同可分为扇形罗马帘、

图 2–4

图 2–5

图 2–6

水波式罗马帘、卷帘、风琴帘、木百叶帘、三角旗式窗帘等；按照窗帘的长度不同可分为落地窗帘、飘窗窗帘、半悬挂窗帘等；按照窗帘的用途的不同可分为家用窗帘和公共场所用窗帘等；按照室内设计风格的不同可分为古典风格、欧式风格、现代风格、田园风格、地中海风格、北欧风格、东南亚风格、日式风格等风格的窗帘。

（3）窗帘的基本设计步骤

①第一步，确认窗户类型，确定布帘组成及款式风格。现在的楼盘设计更趋多样化，作为建筑对外的窗口，窗户和门也更加造型各异，根据不同窗型来配搭选购合适的窗帘，绝对是一门高深的学问，要达到"量体裁衣"的制作效果，确实需要设计师具备深厚的功底，下面详细分析各种窗型的设计要点，为家居环境画龙点睛。

a. 窗户基本类型

●落地窗：常见于客厅、卧室等主要处所，窗框和门框连为一体的造型，这类窗型的窗帘一定要遵从大气原则，简约的剪裁、单一且雅净的色调，能为落地窗帘达到大气加分，同时选择垂线条能增加空间的整体纵深感。

●飘窗：多见于卧室、书房、儿童房等空间的一种现代窗型，为方便人们靠坐阅读需要。这类窗对窗帘的光控效果要求较高，一般以使用一层主帘，一层纱帘的双层窗帘为宜，薄纱可柔化射进的光线，使室内既有充裕的光线又不乏朦胧的美感，同时也不失房间的私密性，可谓一举三得。

●转角窗：一般有 L 形、八字形、U 形、Z 形等类型，转角处有墙体或窗柱的八字形窗采用多块落地帘分割比较合理，使用和拆卸也较方便。

●高窗：有些跃层窗高度有 5 ～ 6 米，因为窗子过高，建议安装电动轨道，有了遥控拉帘装置，就不会因窗帘过高不易拉合而担忧。

b. 窗帘基本类型

●窗箱造型：适合所有窗型和风格需要，一般有窗帘箱配套，往往采用直轨安装，一般无幔或配设一体幔，其他配件包含扣饰、绑带、挂钩、挂球等，适合所有风格类型。

●罗马杆造型：在门窗两边留有墙垛，且离吊顶有一定距离的情况下，采用穿幔挂帘和拼贴幔，其他配件包含绑带、挂钩、挂球等，一般适合地中海、美式、简欧风格类型。

●幔箱造型：装饰床幔比较常见的装饰手法，一般采用不可动独立幔，其他配件包含绑带、挂钩、挂球等，一般适合地中海、美式、欧式风格类型。

窗帘设计除了主帘的形式多样，往往还配有不同的帘头和轨道，它们或雍容华贵，或简约理性，或感性浪漫，或知性优雅，每种类型的窗帘都在诉说着不同的心情。

②第二步，根据不同窗户形状和功能，选配适当款式窗帘。根据不同的功能需要，人们设计出各种款式的窗帘方式，比如单幅窗帘、双幅窗帘、短帷幔窗帘、咖啡窗帘、内挂布卷帘、外挂布卷帘等。

●单幅窗帘：单幅窗帘对于狭小空间或者紧密排布的窗户非常合适，随意向一边挽起显得浪漫温馨，而简单的垂坠又可以显得清爽飘逸。

●双幅窗帘：双幅窗帘是最常见的，对称而有条理，除了单布之外还可以增加一些镶边或者缀饰，用来增添一些视觉对比和浪漫情怀。罗马杆双幅窗帘一般会挂在窗框之外，通常窗帘轴会高于窗框 10 cm 左右，让天花板看上去更高，还会宽于窗框 15 ～ 20 cm，这样窗户会显得更宽大。

●咖啡窗帘：这种咖啡窗帘并不常用，但偶尔点缀会有意想不到的效果。从窗户中部或者中偏上的位置开始悬挂，但不遮住整个窗户，在丰富色彩的同时也增添了些许的浪漫，对于不需要太多隐私的空间和用不到整幅窗帘的窗户正合适。尽管在遮阳这点上的功能不强，但依旧可以恰到好处地保护一定隐私。

●内挂布卷帘：与外挂垂帘不同，卷帘一般是嵌在窗框之内的，尽管有时会让小型窗户看上去更袖珍，但这样看上去非常干净清爽。

●短帷幔窗帘：很多时候，窗帘还会带有短帷幔，无论是平的还是带有褶皱，都给人一种更浪漫的感觉，底部既可以是整齐裁平也可以呈起伏波浪状。在短帷幔的布料选择上，清新自然的棉麻面料可以很大程度上减少厚重感。当然短帷幔还可以用在原本不打算装窗帘的窗户上来柔化光线。

●外挂布卷帘：虽然外挂的卷帘不常见，但它们确实也能制造使窗户变大的视觉效果，如果窗框不令你满意或者想要彻底地遮住阳光，那么这种款式的卷帘会是不错的选择。各个空间因为使用环境不同，需要充分研究窗帘的功能特点：厨卫空间因为环境潮湿、多油烟，耐擦洗的金属百叶窗较合适；休闲室、茶室需要一种返璞归真的感觉，较适合选用木制或竹制窗帘；阳台经常暴晒在阳光下，选用耐晒、不易褪色材质的窗帘最合适；书房为了达到有助于放松身心和思考问题的目的，可以选择透光性好的布料。特别值得提醒的是，因为孩子天生好动，有时会拿窗帘捉迷藏，甚至用牙咬窗帘，所以为孩子选购窗帘时，要充分考虑健康环保问题。温馨、浪漫、私密的卧室空间中，窗帘除了装饰作用外，更主要的作用是保护隐私、调节光线。卧室窗帘可以选择深色布料，遮光性好，而且能起到促进睡眠的作用。选择窗帘还应考虑自身的文化背景、性格、年龄等。老人房窗帘应用亮度低而偏暖的色彩，如灰色等，这些中性色不仅显得古朴、典雅，还可以使老年人情绪稳定；儿童房窗帘则宜选择明朗、鲜艳、色调对比强烈的色彩，适合儿童活泼好动的心理特征（不要局限在卡通图案上）。对于性格急躁的人，冷色调的窗帘可以使其情绪稳定，对于性格内向的人，明快的浅色调，则可以调整其心态。

③第三步，根据空间风格定位，确定窗帘设计风格。学习窗帘的风格造型搭配，可能是这个章节中最重要的一个环节，学习准确的风格创作原则，能为居室空间整体风格把握创造一个好的氛围，当然首先要了解不同风格的窗帘的表现特点。

巴洛克风格：风格上大方、庄重，有海洋的气势，闪耀珍珠般的光芒，窗帘的色彩浓郁是这个风格的最重要特点，这种风格的窗帘往往与室内的陈设互相呼应，纯色丝光窗帘与白墙面和金色雕花是最佳搭档（图 2-7）。

路易十四风格：路易十四风格的窗帘同样讲究宏伟、华丽、庄重的风格。浓烈的红色、绿色、紫色配以有繁复的雕刻、镀金材料的金色窗帘箱，可做出比较正统的路易风格，整个室内空间采用同色系装饰会使得空间显得色彩饱满（图 2-8）。

洛可可风格窗帘：洛可可风格窗帘更多体现女性的柔美感觉，幔帘的设计更富有变化，多采用明快、柔和、清淡却豪华富丽色彩的面料制作（图 2-9）。

简欧风格窗帘：简欧风格窗帘可能是目前最受欢迎的设计风格，摒弃古典欧式窗帘的繁复构造，甚至已经不再有幔帘装饰，而采用罗马杆支撑，多层次布帘设计还是保留了欧式风格的华贵质感（图 2-10）。

中式风格窗帘：中式风格窗帘可以选一些丝质材料制作，讲究对称和方圆原则，采用拼接和特殊剪裁方法制作出富有浓郁唐风的帘头，可以很好地诠释中式风格。在款式上采用布百叶的窗帘设计是对中式风格的最佳诠释，对于落地窗帘则以纯色布料的简单褶皱设计为主（图 2–11）。

图 2–7

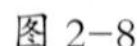

图 2–8

图 2–9

图 2–10

图 2–11

田园风格窗帘：各种风格无论美式田园、英式田园、韩式田园、法式田园、中式田园均可拥有共同的窗帘特点，即由自然色和图案布料构成窗帘的主体，而款式以简约为主（图 2–12）。

东南亚风格窗帘：东南亚风格的窗帘一般以自然色调为主，以完全饱和的酒红、墨绿、土褐色等最为常见。设计造型多反映民族的信仰，棉麻材质为主的窗帘款式多粗犷自然（图 2–13）。

现代风格窗帘：现代风格窗帘线条造型简洁，而且往往可以运用许多新颖的面料，色彩方面以纯粹的黑、白、灰和原色为主，或者采用各种抽象艺术图案为题材（图 2–14）。

地中海风格窗帘：冷色调面料的窗帘设计应该是地中海风格的最佳诠释，比如各种蓝色对地中海明媚阳光的调和，让人仿佛置身在大海的怀抱中，整个空间变得柔软起来，心也随之平静下来（图 2–15）。

图 2-12

图 2-13

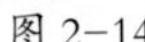

图 2-14

图 2-15

（4）窗帘设计基本原则和要点

首先，要根据装饰研究面料材质的私密性、舒适度、图案花纹的合理性；其次，需要充分考虑窗帘的环境色系，尤其是与家具的色彩呼应；再次，要根据窗型类型选择合适的窗帘造型、材质、轨道形式；最后，根据造价，研究选用宽幅还是窄幅布料。

①窗帘设计的统一性

窗帘在居室中的重要性已经不言而喻，那么如何进行设计搭配呢？其实窗帘的设计主要就是要讲究“统一性”，即窗帘的色调、质地、款式、花型等须与房间内的家具、墙面、地面、天花板相协调，形成统一和谐的整体美，统一性可以从以下三个方面考虑：

a. 不同材质质感，但图案类似统一。

b. 不同图案，但颜色统一。

c. 虽然图案和颜色均不同，但质地类似统一（比如原木配麻、棉、丝绸等天然材质）。

②窗帘设计的协调性

现在即使是一种材质的布料，也会有五花八门的花色，不同的花色，对于窗帘风格有着很大的影响，在设计窗帘时按照以下基本方式进行，一定能达到比较好的效果。

a. 窗帘的主色调应与室内主色调协调，采用补色或者近色都是能达到较好的视觉效果的，极端的冷暖对比或者撞色是需要有足够的功底才可以运用的方式。

b. 各种设计风格均有适合的花色布艺进行协调搭配：现代设计风格，可选择素色窗帘；优雅的古典设计风格，可选择浅纹的窗帘；田园设计风格，可选择小碎花或斜格纹的窗帘；而豪华的设计风格，则可以选用素色或者大花的窗帘。

c. 选择条纹的窗帘，其走向应与室内风格的走向协调一致，避免给人室内空间减缩的感觉。

③窗帘设计的功能性

a. 保护隐私功能。在进行室内窗帘设计的时候，要根据不同的室内区域进行私密保护。客厅、餐厅等空间，对隐私的要求较低，因此白天多处于把窗帘拉开状态，可以选择偏装饰性的、略带透明的布料；卧室、卫生间等区域是每个居室空间最需要私密的部分，一般选用较厚的布料。

b. 柔化光线功能。一般的居室窗帘，都喜欢加装一层轻轻的薄纱，这个主要是出于柔化光线和保护隐私的考虑，比如在客厅空间，既希望不要太过透明暴露，又不希望光线太暗，采用薄纱就可以满足需求。

c. 改善声音环境功能。窗帘除了美化环境之外，另一个很重要的功能就是通过改变高音的直线传播途径，来达到改善室内的声音环境的目的，同时，厚窗帘也有利于吸收部分来自户外的噪声。

2. 床上用品

床是卧室布置的主角，床上用品在卧室的氛围营造方面具有不可替代的作用。床上用品是家纺的重要组成部分，其占据家纺行业第一位，产值占中国家纺业 1/3 以上。床上用品包括床单、被子、枕头等产品。在中国，床上用品业又称为寝装业，或者叫寝具业、卧具业及室内软装饰业。

卧室是最能体现生活素质的地方，而床又是卧室的视觉焦点，寝具（被套、床单、枕套）则被认为是另外一种服饰，它体现着主人的身份、修养和志趣等。

床品除了具有营造各种装饰风格的作用外，还具有适应季节变换、调节心情的作用。比如，夏天选择清新淡雅的冷色调布艺，可以达到心理降温的作用；而冬天就可以采用热情张扬的暖色调布艺达到视觉的温暖感；春秋则可以用色彩丰富一些的床上用品营造浪漫气息。

（1）选择床品时需要注意的几个要点

①床上布艺一定要选择吸汗且柔软的纯棉质地布料，纯棉布料有利于汗腺“呼吸”和身体健康，而且触感柔软，十分容易营造出睡眠气氛，尤其是儿童房必须采用天然棉质床品。

②如果房间不大，选用色调自然且极富想象力的条纹布制作床品，可以达到延伸卧室空间的效果。

③床品的花色和色彩要遵从窗帘和地毯的系统，最好不要独立存在，哪怕是希望设计成撞色风格，色彩也要有一定的呼应。

（2）各个风格床品特点

①欧式风格床品

欧式风格的床品多采用大马士革、佩斯利图案，风格上大方、庄严、稳重，做工精致。这种风格的床品色彩与窗帘和墙面色彩应高度统一或互补。而欧式风格中的意大利风格床品则采用非常纯粹色彩的艺术化的图案构成。设计师会像在画布上作画一般，随意地在床套上创作图案，还有品牌将凡高、莫奈等艺术大师的油画名作印成床品，也能达到非常特殊的艺术效果（图 2–16）。

②中式风格床品

中式风格床品多选择丝绸材料制作，中式团纹和回纹都是这个风格最合适的元素，有时候会以中国画作为床品的设计图案，尤其在喜庆时候采用的大红床组更是中式风格最明显的表达（图 2–17）。

③田园风格床品

田园风格床品同窗帘一样，都由自然色和自然元素图案布料制作而成，而款式则以简约为主，尽量不要有过多的装饰（图 2–18）。

④东南亚风格床品

东南亚风格的床品色彩丰富，可以总结为艳、魅，多采用民族的工艺织锦方式，整体感觉华丽热烈，但不落庸俗之列（图 2–19）。

⑤地中海风格床品

地中海周边的国家由于长久的民族交融，床品风格变得飘忽不定，基本全世界的所有风格都在这个区域可以找到，但是清爽利落的色彩原则是这个区域共同秉承的布艺原则（图 2–20）。

⑥现代风格床品

现代风格床品造型简洁，色彩方面以简洁、纯粹的黑、白、灰和原色为主，不再过多地强调传统欧式或者中式床品的复杂工艺和图案设计，有的只是一种简单的回归（图 2–21）。

图 2–16　　图 2–17　　图 2–18

图 2–19　　图 2–20　　图 2–21

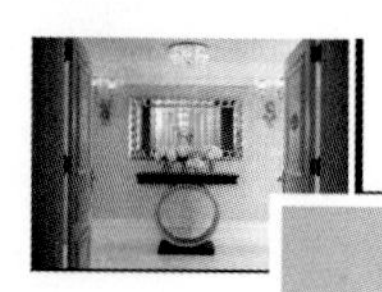

（3）床上用品的面料

床上用品的面料除了内在质量的要求外，还必须有很好的外观，面布的撕裂强度、耐磨性、吸湿性、手感都应较好，缩水率控制在 1% 以内。色牢度符合国家标准的布料都可以采用。

床上用品适用的面料有涤棉、纯棉、涤纶、晴纶、真丝、亚麻等，其中最常用的是涤棉和纯棉面料。

①涤棉

一般采用 65% 涤纶、35% 棉配比的涤棉面料，涤棉在干、湿情况下弹性和耐磨性都较好，尺寸稳定，缩水率小，具有挺拔、不易皱折、易洗、快干的特点，缺点是容易吸附油污。涤棉分为平纹和斜纹两种。平纹涤棉布面细薄，强度和耐磨性都很好，缩水率极小，制成产品外型不易走样，且价格实惠，耐用性能好，但舒适贴身性不如纯棉。此外，由于涤纶不易染色，所以涤棉面料多为清淡、浅色调，更适合春夏季使用。斜纹涤棉通常比平纹密度大，所以显得密致厚实，表面光泽、手感都比平纹好。

②纯棉

是以棉花为原料，通过织机，由经纬纱纵横沉浮相互交织而成的纺织品。纯棉手感好，使用舒适，易染色，花型品种变化丰富，柔软暖和，吸湿性强，耐洗，带静电少，是床上用品广泛采用的材质；但是容易起皱，易缩水，弹性差，耐酸不耐碱，不宜在 100℃以上的高温下长时间处理，所以棉制品熨烫时最好喷湿，易于熨平。

③色织纯棉

色织纯棉为纯棉面料的一种，是用不同颜色的经、纬纱织成。由于先染后织，染料渗透性强，色织牢度较好，且异色纱织物的立体感强，风格独特，床上用品中多表现为条格花型。它具有纯棉面料的特点，但通常缩水率更大。

④涤纶

是合成纤维中的一个重要品种，是我国聚酯纤维的商品名称。涤纶具有极优良的定形性能，其强度高、弹性好，耐热性及热稳定性在合成纤维织物中是最好的。涤纶表面光滑，内部分子排列紧密，耐磨、耐光、耐腐蚀，染色性较差，但色牢度好，不易褪色。

⑤腈纶

是聚丙烯腈纤维在我国的商品名。它的弹性较好，强度虽不及涤纶和尼龙，但比羊毛高 1 ～ 2.5 倍，耐热、耐光。

⑥真丝

一般指蚕丝，包括桑蚕丝、柞蚕丝、蓖麻蚕丝、木薯蚕丝等，是一种天然纤维。真丝面料外观华丽、富贵，有天然柔光及闪烁效果，感觉舒适，强度高，弹性和吸湿性比棉好，但易脏污，对强烈日光的耐热性比棉差。其纤维横截面呈独特的三角形，局部吸湿后对光的反射发生变化，容易形成水渍且很难消除，所以真丝面料熨烫时要垫白布。经过染织而成的各种色彩绚丽的丝绸面料，更易缝制加工成各种床上用品和室内装饰品及众多工艺美术品。具有舒适、吸湿性好、吸音、吸尘、耐热、抗紫外线的特点。

⑦亚麻

除合成纤维外，亚麻布是纺织品中最结实的一种。其纤维强度高，有着良好的着色性能，表面不像化纤和棉布那样平滑，具有生动的、凹凸纹理的材质美感。

（4）靠枕

靠枕是家纺饰品中不可缺少的，其具有使用舒适并具有其他物品不可替代的装饰作用。因靠枕使用方便、灵活，便于人们用于各种场合，尤其在卧床和沙发上被广泛采用。将其放在地毯上，还可以用来当做坐垫。

靠枕能活跃和调节卧室的环境气氛，装饰效果较为突出，通过其色彩及质地、面料与周围环境对比，能使室内家具陈设的艺术效果更加丰富。

靠枕的形状可随意设计，多为方形、圆形和椭圆形，还可以将靠枕做成动物、人物、水果及其他有趣的形象，样式上也可参照卧室内床罩或沙发的样式制作。

3. 地毯

地毯又名地衣，即铺于地面的编织品。最初，地毯仅用来铺地，起御寒而利于坐卧的作用，后来由于民族文化的陶冶和手工技艺的发展，逐步发展成为一种高级的装饰品，既具隔热、防潮、舒适等功能，也有高贵、华丽、美观、悦目的观赏效果（图 2–22）。

图 2–22

地毯是中国著名的传统手工艺品。中国地毯，已有 2000 多年的历史，以手工地毯著名，有文字记载的可追溯到 3000 多年以前。根据文献记载，在唐宋到明清，地毯的品种越来越多。所制的地毯，常以棉、毛、麻和纸绳等作原料编制而成。中国所生产的编织地毯，使用强度极高的面纱股绳作经纱和地纬纱，而在经纱上根据图案扎入彩色的粗毛纬纱构成毛绒，然后经过剪毛、刷绒等工艺过程而织成。其正面密布耸立的毛绒，质地坚实，弹性又好。尤其以新疆和田地区所生产的地毯更为名贵，有“东方地毯”的美誉。那里所生产的地毯不仅质量好，产量也大。

如今室内装饰中地毯的软装效果越来越被重视，并且已经成为一种新的时尚潮流。选择一块与居室风格十分吻合的地毯可以画龙点睛。当然，地毯除了具有很重要的装饰价值以外，还具有美学欣赏价值和独特的收藏价值，比如一块弥足珍贵的波斯手工地毯就足可传世。

（1）地毯在家居环境的功用

地毯以强烈的色彩、柔和的质感，给人带来宁静、舒适的优质生活感受，价值已经大大超

越了本身具有的地面铺材作用，地毯不仅可以让人们在冬天赤足席地而坐，还能有效地规划界面空间，有的地毯甚至还成为凳子、桌子及墙头、廊下的装饰物，除此以外地毯还具有其他重要功能：地毯通过表面绒毛捕捉和吸附飘浮在空气中的尘埃颗粒，能有效改善室内空气质量；地毯拥有紧密透气的结构，可以吸收各种杂声，并能及时隔绝声波，达到隔音效果；地毯是一种软性材料，不易滑倒或磕碰，尤其适合家里有儿童、老人的家庭；如今的地毯图案、色彩、样式越来越丰富和多样化，能帮助设计师完成对风格的诠释。

（2）地毯的材料

一般用什么纤维做绒纱，习惯上就叫什么地毯，比如以羊毛为绒纱原料时叫羊毛地毯；以混纺纱作原料的地毯一般都含有羊毛成分，所以叫羊毛混纺地毯；以尼龙为原料叫尼龙地毯。

地毯按照材质可分为纯毛地毯、混纺地毯、化纤地毯、塑料地毯和草织类地毯等。

①纯毛地毯

多用于高级住宅的装饰，价格较贵。纯毛地毯抗静电性能好，保湿性好，不易老化、磨损、褪色，但它的抗潮湿性较差，而且易发霉蛀虫。

如羊毛地毯多采用羊毛为主要原料制做。它毛质细密，具有天然的弹性，受压后能很快恢复原状；采用天然纤维，不带静电，不易吸尘土，还具有天然的阻燃性。纯毛地毯图案精美，色泽典雅，不易老化、褪色，具有吸音、保暖、脚感舒适等特点。

另外机织羊毛地毯根据绒纱内羊毛含量的不同又可分为：

纯羊毛地毯：羊毛含量≥ 95%；

羊毛地毯：80% ≤羊毛含量 <95%；

羊毛混纺地毯：20% ≤羊毛含量 <80%；

混纺地毯：羊毛含量 <20%。

②混纺地毯

由纯毛地毯中加入一定比例的化学纤维制成，在花色、质地、手感等方面与纯毛地毯差别不大。装饰性能不亚于纯毛地毯，且克服了纯毛地毯不耐虫蛀的缺点，同时提高了耐磨性，有吸音、保温、弹性好、脚感好等特点，价格适中。

③化纤地毯

化纤（合成纤维）地毯采用尼龙纤维（锦纶）、聚丙烯纤维（丙纶）、聚丙烯腈纤维（腈纶）、聚酯纤维（涤纶）、定型丝、PTT 等化学纤维为主要原料制做。它的最大特点是耐磨性强，同时克服了纯毛地毯易腐蚀、易霉变的缺点。

化纤地毯价廉物美，经济实用，具有防燃、防污、防虫蛀的特点，清洗和维护都很方便，且质量轻、色彩鲜艳、铺设简便。缺点是不具备羊毛地毯的弹性和抗静电性能，易吸积尘，保暖性能较差，阻燃性、抗静电性相对也要差一些。

④塑料地毯

由聚氯乙烯树脂等材料制成，质地较薄、手感硬，受气温的影响大，易老化，但色泽鲜艳，耐湿性、耐腐蚀性、可擦洗性较好，且具有阻燃性和价格低的优势。

⑤草织类地毯

具有浓郁的乡土气息，价廉物美，夏季铺设感觉清新凉爽，但不易保养，容易积灰，经常下雨的潮湿地区不宜使用。

⑥剑麻地毯

是从5～7年生长的龙舌兰植物厚实叶片中抽取的，有易纺织、色泽洁白、质地坚韧、强力大、耐酸碱、耐腐蚀、不易打滑的特点。剑麻地毯是一种全天然的产品，它含水分，可随环境变化而吸湿或放出水分来调节环境及空气湿度，它还具有节能、可降解、防虫蛀、防火、防静电、高弹性、吸音隔热、难磨损的优点。

（3）地毯的质地

即使使用同一制造方法生产出的地毯，也会因为使用原料、绒头的形式、绒高、手感、组织及密度等因素，生产出不同外观效果的地毯（图2–23）。常见地毯毯面质地的类别有：

图 2–23

①长毛绒地毯

是割绒地毯中最常见的一种，绒头长度为5～10 mm，毯面上可浮现一根根断开的绒头，平整而均匀一致。

②天鹅绒地毯

绒头长度为5 mm左右，毯面绒头密集，产生天鹅绒毛般的效果。

③萨克森地毯

绒头长度在15 mm左右，绒纱经加捻热定型加工，绒头产生类似光纤的效应，有丰满的质感。

④强捻地毯

即弯头纱地毯。绒头纱的加捻捻度较大，毯面有硬实的触感和强劲的弹性。绒头方向性不确定，所以毯面产生特殊的情调和个性。

⑤长绒头地毯

绒头长度在25 mm以上，既粗又长、毯面厚重，显现高雅的效果。

⑥平圈绒地毯

绒头呈圈状，圈高一致整齐，比割绒的绒头有适度的坚挺和平滑性，行走感舒适。

⑦高低圈绒地毯（含多层高低圈绒）

由绒纱喂给长度的变化而产生绒圈高低地毯，毯面有高低起伏的层次，有的形成几何图案，地毯有立体感。

⑧割/圈绒地毯（含平割/圈绒地毯）

一般地毯的割绒部分的高度超过圈绒的高度，在修剪、平整割绒绒头时并不伤及圈绒的绒头，两种绒头混合可组成毯面的几何图案，有素色提花的效果。平割/圈地毯的割绒技术含量也是比较高的。

⑨平面地毯

即在地毯的毯面上没有直立的绒头，犹如平毯的结果，其中针刺地毯的一部分是用刺辊在毯面上拉毛，即产生发毛地毯的质地。

（4）家居环境的地毯选用

软装设计师在选择地毯时，必须从室内装饰的整体效果入手，注意从环境氛围、装饰格调、色彩效果、家具样式、墙面材质、灯具款式等多方面考量，从地毯工艺、材质、造型、色彩图案等诸多方面着重考虑。

首先需要注意的是地毯铺设的空间位置，要考虑地毯的功能性和脚感的舒适度，以及防静电、耐磨、防燃、防污等方面因素，购买地毯时应注意室内空间的功能性。

在客厅中间铺一块地毯，可拉近宾主之间的距离，增添富贵、高雅的气氛；在餐桌下铺一块地毯，可强化用餐区域与客厅的空间划分；在床前铺一块长条形地毯，有拉伸空间的效果，并可方便主人上下床；在儿童房铺一长方形化纤地毯，可方便孩子玩耍，一家人尽享天伦之乐；在书房桌椅下铺一块地毯，可平添书香气息；在厨卫间则主要是为了防滑。

图案色彩需要根据居室的室内风格确定，基本上应该延续窗帘的色彩和元素，另外还应该考虑主人的个人喜好和当地风俗习惯。地毯根据风格可以分为现代风格、东方风格、欧洲风格等几类。

现代风格地毯：多采用几何、花卉、风景等图案，具有较好的抽象效果和居住氛围，在深浅对比和色彩对比上与现代家具有机结合。

东方风格地毯：图案往往具有装饰性强、色彩优美、民族地域特色浓郁的特点，比如，梅兰竹菊、岁寒三友、五福图、平安吉祥等题材，配以云纹、回纹、蝙蝠纹等图案，这种地毯多与传统的中式明清家具相配。

欧洲风格地毯：多以大马士革纹、佩斯利纹、欧式卷叶、动物、建筑、风景等图案构成立体感强、线条流畅、节奏轻快、质地淳厚的画面，非常适合与西式家具相配套，能打造西式家庭独特的温馨意境和不凡效果。

地毯的大小根据居室空间大小和装饰效果而定，比如在客厅中，客厅面积越大，一般要求沙发的组合面积也就越大，所搭配的地毯尺寸也应该越大。地毯的尺寸要与户型、空间的大小、沙发的大小和餐台的大小匹配。玄关地毯以门宽大小为控制底线；客厅地毯的长宽可以根据沙发组合后的长宽作为参考，一般以地毯长度 = 最长沙发的长度 + 茶几长度的一半为佳，而面积在 20 m^2 以上的客厅，地毯就最好不小于 1.6 m × 2.3 m 大小；餐桌下的地毯不要小于餐桌的投影面积，以餐椅拉开后能正常放置餐椅为最佳；卧房的床前、床边可在床脚压放较大的方毯，长度以床宽加床头柜一半长度为佳。

（5）地毯的使用形态

①满铺地毯

这种地毯的幅度一般在 3.66 ～ 4 m，满铺即指铺设在室内两墙之间的全部地面上，铺设场所的室宽超过毯宽时，可以根据室内面积的条件进行裁剪拼接的方法以达到满铺要求，地毯的底面可以直接与地面用胶黏合，也可以绷紧毯面使地毯与地面之间极少滑移，并且用钉子定位于四周的墙根的方法。满铺地毯一般用于居室、病房、会议室、办公室、大厅、客房、走廊等多种场合。

②块毯

地毯外形呈长方形以块为计量单位，块毯多数是机织地毯，做工精细、花型图案复杂多彩，档次高的有一定艺术欣赏价值。块毯宽度一般不超过 4 m，而长度与宽度有适当的比例。块毯是铺在地面上，但与地面并不胶合，可以任意、随时铺开或卷起存放。块毯除铺设外还可以作为壁毯挂在墙上，也有用门前脚踏毯、电梯毯、艺术脚垫等。

③拼块毯

拼块毯也称地毯砖，其外形尺寸一般为 500 mm × 500 mm，也有 450 mm × 450 mm 或者是长方形的。其毯面一般为簇绒类，背衬和中层衬布比较讲究。成品有一定硬挺度，铺设时可以与地面黏合，也可以直铺地面。拼块毯的结构稳定，美观大方，毯面可以印花或压成花纹。在搬运、储藏和随地形拼装、成块更换拼装都十分方便。特别是高层建筑、轮船、机场、计算机房以及办公用房都很合宜，近几年内国内市场十分活跃。

④红地毯

红地毯是地毯颜色划分的种类，也是地毯刚刚进入装饰行业以来的主题颜色。最早的地毯是宫廷专用物品，也是高级奢侈品，随着社会的发展和人们对居住生活环境的重视和要求的提高，地毯也进入了千家万户，但作为地毯的主要颜色——红地毯，依然是地毯世界的主流颜色。时至今日，在地毯成为了一般消费品的时代，红地毯依然是人们对庄严、高贵、浪漫的追求和象征。不论是民间活动还是国家重要活动都将红地毯作为重要礼仪物品铺设在中间位置来表达庄重和热烈。

（二）家用纺织品的设计步骤

中国没有权威的家居设计公司及大型的家纺卖场。作为家纺产品的销售，日本的卖场陈列产品是成系列的，如厨房、卧室、客厅、卫浴四个房间是连在一起陈列的。以卧室、客厅为主，确定家中的主要颜色。因为家中大块的颜色决定购买与否，家中大块颜色有窗帘、床上用品、沙发、台布，其余的作为搭配。小色块配色要求只要能配主色即可。

具体设计步骤如下：

首先，确定颜色。分配颜色比例，如主色占多少比例，其余配色占多少比例。颜色的搭配可单色配（即同一色搭配）、间色搭配（即相邻色搭配）、对比色搭配、互补色搭配等。在色彩使用上，欧美风格的色重，日本色明快，中国、中东色偏暗。

第二步，确定面料。

第三步，确定图案。

第四步，确定面料结构。

第五步，确定加工成品的造型及工艺。

（三）现代家用纺织品设计方法及趋势

家用纺织品以其柔和的质感软化了室内空间生硬的线条，赋予居室一种温馨的格调，或清新自然，或典雅华丽，或诗意浪漫……家用纺织品的设计从属于硬装的风格下，设计时需参考软装设计的流行趋势与主流风格。

家用纺织品由于布花的多变，搭配不同的造型，风格便趋于多元化。但大多数纺织品所呈现的风格仍以温馨舒适为主，以与纺织品本身的触感相呼应。美式或欧式乡村风格的家纺品，常运用碎花或格纹布料，以营造自然、温馨气息，尤与其他原木家具搭配，更为出色。西班牙古典风也常以织锦，色彩华丽或夹着金葱的缎织布品为主，以展现贵族般的华贵气质。意大利风格运用布品时，仍不脱离其简洁大方的设计原则，常以极鲜明或极冷调的单色布材来彰显家具本身的个性。

1. 现代家用纺织品设计方法

家纺品强调与整体家居风格的融合，更强调整体的搭配。整体家居风格搭配已经成为家装与软装的既定趋势，不少厂商都根据家装的流行风格进行家纺品的设计，并打出了“整体家居设计”的概念，家纺品从简单的窗帘、床上用品、坐垫等单一产品延伸到一个完整的系列。从沙发、桌布、床罩到窗帘都可以在一个地方配齐，更好地表现一个家居风格、搭配个性与和谐的设计理念。

2. 设计发展趋势

（1）崇尚清新自然主义

自然主义一直是家居的流行趋势，强调从都市回归田园的那种恬静和自在感觉，因此田园风格也是家纺的一大潮流。田园风格大多取自自然的元素，最有代表性的是花朵和格子图案，无论是大片细碎的花朵，边角处不经意点缀的一两朵大花，抑或是纯色的格子图案，都仍然大行其道。

田园风格在用色上不适合十分张扬，不使用太饱满、浓烈的色彩，常使用偏向于自然的清新颜色，如粉红、粉紫、粉绿、粉蓝、橙色、白色等等，具有一种自然浪漫的情怀。

（2）抽象唯美传统风格

充满东方意境的民族元素在国际展会上大放异彩，用在家纺设计上感觉则更加凝练了。

以往很写实的中式元素变得比较抽象，但是却能让观者感觉到传统那种唯美的感觉。图案不像以往那种注重复杂的线条，而是在用色上凸现特殊的层次和立体感。颜色也更加明快和现代，既有历史的传承，又有时尚的演绎。仿古家居也成为很受欢迎的家居风格，因此给了传统中式风格家纺设计以很好的发挥空间。同时随着传统风格广泛地运用，即使在现代风格家居中作为调剂和点缀，传统中式风格家纺饰品也都可以收到很好的效果。

（3）简单奢华都市情调

为顺应都市生活方式由外在向内涵的转变，简约主义的盛行，追求更闲适生活的态度，出现了一种简约的奢华风格。

同样是高档的材质、精细的做工,在装饰上却没有那种厚重、压抑的感觉,而是给人轻盈、淡定、收放自如的感觉。比如多层布艺装饰会通过材质的对比,找到一种平衡,摒弃了过于复杂的肌理和装饰,造型线条也更为流畅和大气。甚至一幅纯色的布上只用几朵简单的花朵装饰就可以了,但是花朵选用特别的材质和色彩,立体感很强,依然能透出那种华丽的感觉。

三、灯具

灯具是家居的眼睛,家庭中如果没有灯具,就像人没有眼睛一样,只能生活在黑暗中,可见灯在家庭中的重要性。如今人们将照明的灯具称为灯饰,从称谓上就可以看出,灯具的功能逐渐由最初单一的实用性变为实用性和装饰性相结合。

灯具的选择往往是装饰中的难题,现代灯具的造型虽千变万化,却离不开仿古、创新和实用三类。灯具的色彩要与房间的色彩相协调。因为灯具本身发光,其色彩就更引人注目,以色光加重室内某种色彩,这是比较高级的装饰手段。要根据自己的艺术情趣和居室条件来选择灯具。

(一)家居灯具的分类

如按灯具的不同用途来划分,灯具可分为以功能为主的灯具与装饰为主的灯具。功能为主的灯具指那些为了符合高效率和低眩光的要求而采取灯光控制的灯具。装饰用灯具一般由装饰性零部件围绕光源组合而成,它的主要作用是美化环境、烘托气氛,故将造型和色泽放在首位考虑,适当兼顾效率和限制眩光等要求。

1. 灯具安装方式的分类

根据安装方式的不同,现代居室灯具大致可分为吊灯、吸顶灯、落地灯、壁灯、台灯、射灯、轨道灯、工艺蜡烛等类型。

(1)吊灯

吊灯,一般为悬挂在天花板上的灯具,是最常采用的普遍性照明工具,有直接、间接、向下照射及均匀散光等多种灯型。吊灯比吸顶灯更多地出现在居室照明中,因为吊灯不但能满足照明功能上的要求,而且还能形成一定的装饰艺术效果。吊灯的形态变化多端,无论是从照明角度还是从装饰角度,都能满足居室的需求。它主要是利用吊杆、吊链、吊管、吊灯线来吊装灯具,有些吊灯可以自由调节高度。装饰性的枝形吊灯作为一种吊灯,经常用于古典或反映某一时代主题的设计中。它们以其在顶棚上显著的中心位置对房间产生深刻的影响(图 2-24)。

图 2-24

吊灯的大小及灯头数的多少均与房间的大小有关。吊灯一般安装在空间垂直高度较高的天花板上,通常离天花板 50 ~ 100 cm,光源中心距离天花板以 75 cm 为宜。也可根据具体需要或高或低,如用在酒店大堂或者复式楼梯间的大吊灯，可按照实际情况调节其高度。安装吊灯时，其最低点应离地面不小于 220 cm，不能吊得太矮，以防止阻碍人正常的视线或令人觉得刺眼。吊灯常装饰在客厅，吊灯的花样最多，常用的有欧式烛台吊灯、中式吊灯、水晶吊灯、羊皮纸吊灯、现代简约吊灯、锥形罩花灯、尖扁罩花灯、束腰罩花灯、五叉圆球吊灯、玉兰罩花灯、橄榄吊灯等。用于居室的分单头吊灯和多头吊灯两种，前者多用于卧室、餐厅，后者宜装在客厅里。吊灯的安装高度，其最低点离地面应不低于 2.2 m。

吊灯选配：吊灯分单头吊灯和多头吊灯两种，前者多用于卧室、餐厅，后者宜装在客厅、大堂及酒店楼梯间等，也有些空间采用单头吊灯自由组合成吊灯组。壁灯安装高度应略超过视平线，一般以离地 180 cm 左右为宜。壁灯的照度不宜过亮，柔和的灯光更富有艺术感染力。如果在大面积单一颜色的墙壁上点缀一盏壁灯，会有一种醒目动人的艺术光效，给人以幽雅清新之感。

（2）吸顶灯

吸顶灯是直接安装在天花板面上的灯型，它和吊灯一样，也是室内的主体照明设备，因为现代的住宅层高都比较低，所以家庭、办公室、文娱场所等经常选用这类灯（图 2–25）。

图 2–25

吸顶灯主要是用于环境照明，它主要的目的是将光线在整个房间内均匀分布，其材料主要有透明或半透明的玻璃和塑料，并且可以做成各种形状和尺寸。透明材料的灯具比较适合白炽灯，并有光芒四射的效果，荧光灯一般用半透明和棱镜材料，从而使光线均匀散射。

吸顶灯的主要种类包括下向投射灯、散光灯、全面照明灯等几种灯型，这类灯的特点是可使顶棚较亮，构成全房间的明亮感。选择吸顶灯的造型、布局组合方式、结构形式和使用材料等，要根据使用要求、天花构造和审美要求来考虑，尺度大小要与室内空间相适应，结构上要安全可靠。

吸顶灯常用的有方罩吸顶灯、圆球吸顶灯、半圆球吸顶灯、半扁球吸顶灯、小长方罩吸顶灯等。吸顶灯适合于客厅、卧室、厨房、卫生间等处照明。可直接装在天花板上，安装简易，款式简单大方，赋予空间清朗明快的感觉。

通常面积不大的起居室中央安装吸顶灯具会成为眩光源，因此要注意降低吸顶灯的表面亮度，可采用减少光源的功率和增加灯具表面的方法，但太大的灯具面积会在感观上降低房间的层高，使空间比较压抑。因此在设计安装时，要保证吸顶灯的底部距地面有相当的高度。

（3）落地灯

落地灯，是指放在地面上的灯具的统称，一般布置在客厅和休息区域里，与沙发、茶几配合使用，以满足房间局部照明和点缀装饰家庭环境的需要，落地灯通常都配有灯罩，筒式罩子一般较为流行，落地灯的支架则多以金属、木材制成。落地灯常用作局部照明，不注重全局照明，而强调移动的便利，对于角落气氛的营造十分实用，但要注意不能放置在高大家具旁或妨碍活动的区域里。

布置空间灯饰的时候，落地灯是最容易出彩的环节，因为它既可以担当一个小区域的主灯，又可以通过照度的不同和室内其他光源配合出光环境的变化。同时，落地灯还可以凭自身独特的外观，成为居室内一件不错的摆设。因此，选购一件美观、实用的落地灯，是布置家居灯饰时的一项重要任务。落地灯因常用作局部照明，故强调移动的便利，对于角落气氛的营造十分实用。根据落地灯的采光方式不同可以分为直接下投射式和间接照明式。若是需要集中精神地进行阅读等活动，直接下投射式灯具会比较合适（图 2–26）；若是以调整整体的光线变化为主要目的，间接照明式灯具就比较合适（图 2–27）。

图 2–26　直接下投射落地灯

图 2–27　间接照明式落地灯

通常落地灯呈细高结构，它们不需要外部支撑物，它们本身带有防止倾倒的底座。它们最大的优势是自行站立，可以根据人们的需要被放置在任何地方。落地灯的种类繁多，能够提供各种类型的照明。有些落地灯的照明与工作台灯相似，能够提供工作照明；有些则把光向上投射到天花板或向下照射到地面，或是有装饰性强的慢投射灯罩，营造出不同的居室氛围。由于灯光的高度、方向和光线强弱可以根据个人需要调节，因此它们的使用非常广泛。

（4）壁灯

壁灯，是直接安装在墙壁上的灯具，在室内一般作为辅助照明及装饰灯具出现。一般壁灯的灯泡光线淡雅和谐，可把环境点缀得优雅、富丽堂皇。壁灯在室内常用的有床头壁灯、过道壁灯和镜前壁灯等。床头壁灯大多装在床头两侧的上方，有些灯头可向外转动，光束集中，便于阅读；过道壁灯，多安装在过道侧的墙壁上，照亮壁画或者一些家居饰品；镜前壁灯多装饰在盥洗间镜子附近，目的是全方位照亮人面部。图 2–28 所示为现代灯具设计，这款灯具不仅具有灯具的功能，还附加了时钟的计时功能，时间在光与影的相互衬托下徐徐变换。

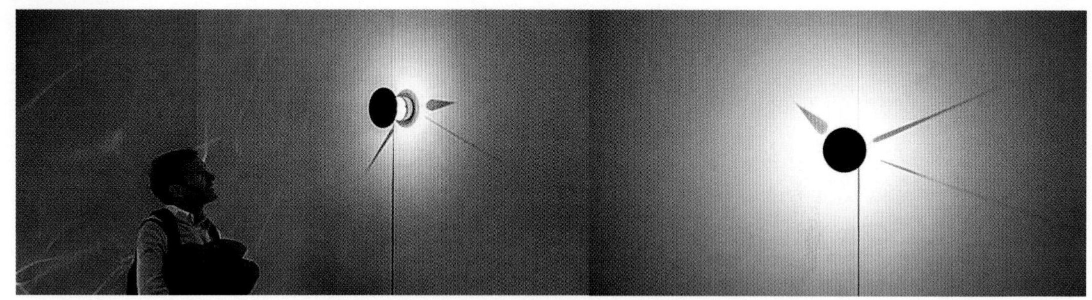

图 2-28

壁灯，有挂壁式、附壁式和走壁式等。壁灯可以用于表现当今的各种设计和照明效果，它能最大限度地发挥灯光作为一种设计工具所能起的作用。墙壁平坦的表面可以产生从柔和的环境散射光到非常集中的聚光照明的各种效果。

通常壁灯距墙面 9 ～ 40 mm，其灯泡离地面应不低于 1.8 m。壁灯用于环境照明、工作照明、局部照明或装饰照明。如果是提供环境照明，它发出的灯光可以根据不同需要选择朝下或朝上，光线直接朝上时大部分光线会通过天花板反射下来，这与上射灯和吊灯的效果类似。如果提供工作照明，那么壁灯的特性和台灯或落地灯非常相似，唯一不同的是它安装的位置比较固定，无法像台灯和落地灯那样自由放置。

壁灯一般用日光灯或白炽灯作为光源，配用式样各异的彩色玻璃或有机玻璃灯罩。它具有造型精巧、装饰性好、布置灵活、占用少、光线柔和等特点。但照明空间有一定的局限性，需要和其他形式的灯具配合使用，常用于卧室、卫生间、餐厅等房间。常用的壁灯有双头玉兰壁灯、双头橄榄壁灯、双头鼓形壁灯、双头花边杯壁灯、玉柱壁灯、镜前壁灯等。

（5）台灯

台灯又叫桌灯，是古代沿用至今的一种灯具形式。主要运用在室内桌或台等处，作为局部照明的光源，可以分为阅读台灯和装饰台灯两大类。阅读台灯灯体外形简洁轻便，是指专门用来看书写字的台灯，这种台灯一般可以调整灯杆的高度、光照的方向和亮度，主要是照明阅读功能。装饰台灯外观豪华，材质与款式多样，灯体结构复杂，用于点缀空间效果，装饰功能与照明功能同等重要。如今的台灯已经远远超越了台灯本身的价值，已经变成了一个不可多得的艺术品，在当今轻装修重装饰的理念下，台灯的装饰功能也就更加重要，书桌上、茶几上、床头上，甚至是梳妆台上都可以有台灯做装饰。高档次的豪华台灯，与适合的环境相搭配，无论是亮灯，还是关灯的情况下都是一件艺术品。当然根据使用场所的不同，选用台灯的大小尺寸、风格、材质也会略有区别：比如酒店用的台灯就比家居装饰台灯的尺寸大很多，特别是用于酒店大堂的台灯，外形尺寸更大、厚重豪华；欧式仿古台灯经久耐看，搭配欧式建筑风格，有锦上添花的效果；现代商务酒店套房，则配置一些现代简约台灯，清爽简洁，不拖泥带水，也会令人耳目一新。

由于台灯移动灵活方便，所以又有室内照明的轻骑兵之称。通常用金属、陶瓷、塑料等材料制作灯罩；光源用荧光灯或白炽灯。它具有小巧玲珑、开关方便、移动灵活、调光随意、造型美观的特点，是日常工作和学习所需照明的最佳选择。

以前人们熟知的台灯形象是有一个装饰性基座，灯泡的承插口和一个可脱口的灯罩。

随着光源技术、控制技术及材料工艺日新月异的变化，居室台灯的造型也发生了巨大的变化（图 2–29）。

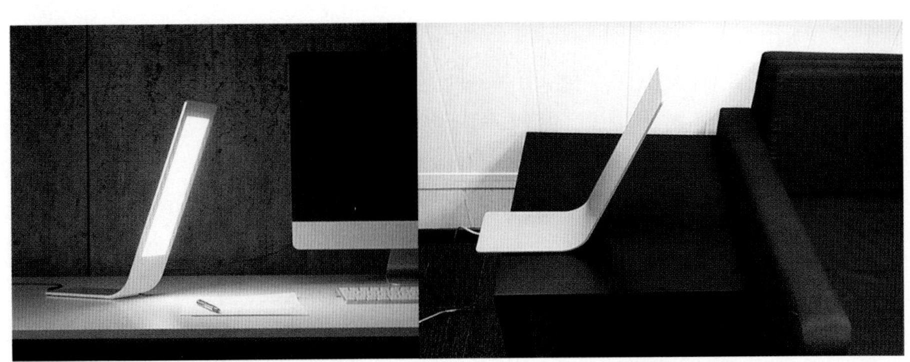

图 2–29

（6）射灯、筒灯

射灯和筒灯都是营造特殊氛围的照明灯具，主要的作用是突出主观审美作用，达到重点突出、层次丰富、气氛浓郁、缤纷多彩的艺术效果的一种聚光类灯具。简单地说，射灯是一种高度聚光的灯具，它的光线照射是具有可指定特定目标的，主要是用于特殊的照明，比如强调某个很有味道或者是很有新意的地方。筒灯是一种相对于普通明装灯更具有聚光性的灯具，一般用于普通照明或辅助照明。射灯照明是典型的无主灯、无定规模的现代流派照明方式，射灯的光线直接照射在需要强调的物体上，既可对整体照明起主导作用，又可局部采光，烘托气氛。若将一排小射灯组合起来，光线能变换奇妙的图案。由于小射灯可自由变换角度，组合照明的效果也千变万化，相对于筒灯，射灯品种更加丰富，也适用于更多场合。

射灯的布置灵活方便，既可安装在吊顶的四角或家具的上部，也可安置在墙内、墙裙或踢脚线里；既能用在客厅或书房，也可用于卧室或浴室。总之射灯光线直接照射在需要强调的家具器物上，达到重点突出、环境独特、层次丰富、气氛浓郁、缤纷多彩的艺术效果，已成为家庭装潢中名副其实的“新潮一族”。但是也要注意，射灯不能过多地用在家居中，也不能使投射的灯光直接照射在人的面部。

射灯是小型灯具，可以安装在轨道灯的系统中，也可以单独使用。它的最大特点是调节的灵活性。在这两种情况下，可以采用不同类型的灯炮：普通白炽灯、带有大型反射器的灯泡或是不同型号的卤素灯泡。然而最适合的是较小的灯泡，因为它们投射出的光束适合于突出某件物体。根据光源不同，射灯可以分为：a. 卤素射灯，也叫石英射灯，功率 35 W 或者 50 W，这种比较费电，发热量大；b. 金卤射灯，功率一般以 70 W 效果比较好；c. LED 射灯，目前最常用的就是 LED 射灯，除了耗电较少外，最重要的是热度低，对照射物的伤害会降到最低。

射灯的种类丰富，有夹式射灯、普通挂式射灯、快接挂式射灯，分别有长、中、短臂之分。射灯的造型玲珑小巧，非常具有装饰性，多以各种组合形式出现，可以从细节中体现主人的生活格调和情趣。

以不同方式使用射灯，能创造出不同的照明效果和居室氛围。射灯还能创造出装饰效果，当墙上挂着迷人的壁画、覆盖物或挂毯时，把射灯安装在墙壁的附近，可以用来突出墙上的装饰物。

（7）工艺蜡烛

烛光是介于自然光和人工照明之间的一种最富浪漫气氛的光源。这种古老的照明方式曾经因为电的发明而一度被人遗忘，通过不断变换造型、色彩、材料甚至香气又使蜡烛重新焕发了生机——成为软装中营造气氛的高级工艺蜡烛。

工艺蜡烛常见的形式为蜡烛和烛台。现代的蜡烛早就不是简简单单一根圆柱，也不再只是用来照明的光源了。工艺蜡烛的造型、色彩、用料和别出心裁的创意给这种古老的照明工具披上了一层华丽的外衣。蜡烛的兴盛也让烛台再度辉煌，现代消费观念所追求的精神价值远高于商品本身的价值。

工艺蜡烛配合烛台，能够烘托出别样的风情。蜡烛的形状和颜色多样，在使用时比较讲究（图 2–30）。

图 2–30

烛火总是给人温馨浪漫的想象。在烛光摇曳之间，气氛也变得温情浪漫，烛台则是点睛之笔，烛台按照材质又可以分为玻璃烛台、铝制烛台、陶制烛台、不锈钢烛台、铁制烛台、铜质烛台、锡制烛台、木质烛台等。

2. 灯具材质上的分类

灯饰按照不同的材质可以分为水晶灯、铜灯、羊皮灯、铁艺灯、彩色玻璃灯、贝壳灯等类型。设计师可以根据不同的装饰风格类型和价格定位选择不同类型的灯具。

（1）水晶灯

水晶灯是指由水晶材料制做成的灯具。水晶灯在中国影响广泛，在世界各国有着悠久的历史，因其外表明亮，闪闪发光，晶莹剔透而广受人们的喜爱。水晶灯给人高贵、梦幻的感觉。由于天然水晶价格昂贵而且质量难以保证，因此仿制天然水晶，以优质玻璃做水晶灯饰的念头开始萌动。世界上第一盏人造水晶的灯饰，为法国籍意大利人 Bernardo Perotto 先生于1673年创制，此灯至今尚存于博物院中。水晶灯主要由金属支架、蜡烛、天然水晶或石英坠饰等共同构成，由于天然水晶的成本太高，如今越来越多的水晶灯原料为人造水晶，灯泡也逐渐代替了传统的蜡烛光源。现在市场上销售的水晶灯大多都是由形状如烛光火焰的白炽灯做光源的。为达到水晶折射的最佳七彩效果，一般最好采用不带颜色的透明白炽灯作为水晶灯的光源。目前市场上在售的水晶灯多是人造水晶制作的，虽然都是人造水晶，但不同的人造水晶的等级和质量相差也很大。由于水晶灯的价值很大程度上由水晶决定，因此需要关注水晶的品质（图2–31）。

图2–31

（2）铜灯

铜灯是指以铜作为主要材料的灯具，包含紫铜和黄铜两种材质，铜灯的流行主要是因为其具有质感、美观的特点，而且一盏优质的铜灯是具有收藏价值的。目前具有欧美文化特色的欧式铜灯是市场的主导派系，这种欧洲文艺复兴时期的文化特色产物，是欧洲古典主义设计风格在继承了巴洛克式风格后，吸取洛可可式风格中唯美、律动的细节处理等综合元素的结合体。现在的铜灯中还有一种风格是常受追捧的，就是美式风格，化繁为简的制作工艺，使得美式灯具看起来更加具有时代特征，能适合更多风格的装修环境。欧式铜灯强调以华丽的装饰、浓烈的色彩、精美的造型来营造惬意、浪漫、温馨、舒适、雍容华贵的效果，达到和谐的最高境界。特别是古典风格中，深沉里显露尊贵，典雅中浸透豪华的设计哲学和文化气息，已成为成功人士享受快乐、理想生活的写照。铜灯所用的铜件目前主要还是分脱蜡和翻沙两种，目前常见的铜件都是用脱蜡的工艺来制造。脱蜡的特点是可以把铜件的图案更生动，更精细地体现出来，但是脱蜡工艺的成本很高。目前还有更先进的精铸工艺，用此方法获得的零件一般不需进行加工。它能获得相对准确的形状和较高的铸造精度（图2–32）。

图2–32

（3）羊皮灯

图 2-33

羊皮灯顾名思义就是用羊皮材料制作的灯具，较多地使用在中式风格设计作品中。它的制作灵感来自古代灯具。在古代，草原上的人们利用羊皮皮薄、透光度好的特点，用它裹住油灯，以防风遮雨。羊皮灯以格栅式的方形作为自己的特征，不仅有吊灯，还有落地灯、壁灯、台灯和宫灯等不同系列。现在，制造厂家运用先进的制作工艺，把羊皮制作成各种不同的造型，以满足不同喜好的消费者的需求。羊皮灯的主要特色是光线柔和，色调温馨，装在家里，能给人温馨、宁静感。它仿佛能给渴望休憩，渴望温暖，渴望放松，渴望被亲人抚慰的心灵提供一处理想环境。经过近年技术开发，其颜色已经突破了原有的浅黄色，出现了月白色、浅粉色等色系，灯饰框架也隐入羊皮灯罩内，使造型走向时尚。羊皮灯主要以圆形与方形为主，圆形的羊皮灯大多是装饰吊灯，在家里起画龙点睛的作用，方形的羊皮灯多以吸顶灯为主，外围配以各种栏栅及图形，古朴端庄，简洁大方（图 2-33）。

（4）铁艺灯

铁艺灯起源于欧洲，而后盛行于世界各国，是奢华典雅的代名词。铁艺灯从欧洲古典风格艺术中汲取养分，从欧洲古宫廷灯具中吸取灵感。欧式古典的魅力，在于其独具历史岁月的痕迹，其体现出的优雅隽永的气度代表了主人的一种卓越的生活品位。铁艺灯的主体往往是由铁和树脂两部分组成，铁制的骨架使它的稳定性更好，树脂使它的造型塑造更多样化，还能起到防腐蚀、不导电的作用。铁艺灯的灯罩大部分都是手工描绘的，色调以暖色调为主，这样就能散发出温馨柔和的光线，更能衬托出欧式家装的典雅与浪漫（图 2-34）。

图 2-34

（5）彩色玻璃、手工玻璃灯具

玻璃技术历经千年早已为人类熟练掌握，不同色彩、质感、条纹、风格的玻璃灯，以不同的姿态、格调、风情出现在每家每户的不同房间中，玻璃灯具常见的有彩色玻璃灯具和手工烧制玻璃灯具。

彩色玻璃灯是用大量彩色玻璃拼接起来的灯具，享誉全球的就数蒂芙尼（Tiffany）灯具。蒂芙尼灯具是 19 世纪末 20 世纪初美国应用美术的新艺术领袖路易斯·康福特·蒂芙尼（LouisComfort Tiffany，1848—1933）设计的。在玻璃器具设计领域，蒂芙尼所取得的成就是独一无二的，数以千计的教堂都以精美的蒂芙尼玻璃作装饰，蒂芙尼这个名称也成了染色玻璃艺术的代名词。蒂芙尼灯具是一种繁复的手工制品，其采用彩色玻璃，按设计图稿手工切割成所需形状，然后将一片一片的玻璃研磨后用铜箔包边，再按图案将玻璃用锡焊接起来，整个生产过程全部用手工制作，点滴传递着设计师及工匠的巧思，并搭配中古世纪古典

巴洛克、维多利亚造型，刚柔并济，更衬托出古典、优雅、不凡的品位。手工烧制玻璃灯具通常指一些技术精湛的玻璃师傅通过手工烧制而成的灯具，业内最为出名的就数意大利的手工烧制玻璃灯具了（图2-35）。

图 2-35

手工烧制玻璃的生产工艺包括：配料、熔制、成型、退火四个大的工序，即将混合好的原料在固定的容器内混合均匀，经过高温加热（玻璃的熔制温度大多在 1 300 ～ 1 600 ℃），再经过一系列的物理和化学反应，形成均匀无气泡的玻璃液，然后进入玻璃成型的阶段，将熔制好的玻璃转变成具有固定形状的固体制品，玻璃首先由黏性液态转变为可塑态，再转变成脆性固态，整个过程都是人工成型。

（6）贝壳灯

图 2-36

贝壳灯顾名思义就是选用贝壳制作而成，可以用来当装饰品，令人赏心悦目的一类灯具。贝壳灯款式多样，可以是用相同形状、相同大小、相同颜色的贝壳和白色珠子串成灯具，也可以是用不同大小、不同形状和色彩的贝壳制成灯具。造型各异、光泽璀璨的贝壳灯，无论是客厅还是卧房都能搭配安装（图 2-36）。

贝壳灯的制作要经过以下工艺程序：

●打磨：对特别突起的边角用砂轮进行打磨，由于贝壳又硬又脆，打磨时注意选择颗粒适度的砂轮，用力要适度均匀，最好放在台钳上或者工作台上操作。

●钻孔：选择要穿过的贝壳处轻轻用锤子敲打，锥子钢钉定点，然后用钻钻孔。

●上光：用油漆上光在美观的同时能避免贝壳氧化变色，一般用清漆，即醇酸油漆，也可以用液态蜡来上光。

●串联：一般用彩绳将贝壳串联起来，贝壳之间打结隔开，也可以用金属小环串联。

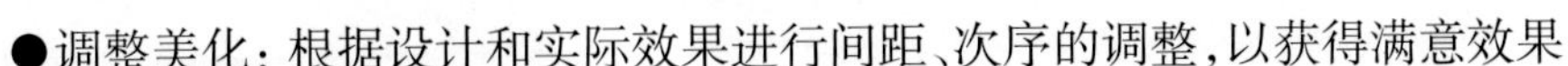

●调整美化：根据设计和实际效果进行间距、次序的调整，以获得满意效果。

3. 按灯具的造型风格分类

灯具在近些年的变化可谓日新月异。不同风格的灯具有着不同的魅力，灯具与整体家居的风格相适应，才能让整个空间变得更加协调。本节从风格上将灯具分为中式、欧式、现代、美式以及地中海风格五大类，以便大家对灯具有更深层次的认识，从而使它更好地服务于自己的设计作品。

（1）中式风格的灯具

以宫廷建筑为代表的中国古典建筑，高空间、大进深、雕梁画栋，其室内装饰设计艺术风格彰显气势恢宏、壮丽华贵、金碧辉煌的特点。这类风格，在造型上讲究对称，色彩上讲究对

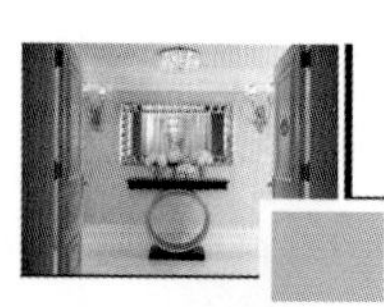

图 2-37

比，材料上以木材为主，图案多以龙、凤、龟、狮、清明上河图、如意图、京剧脸谱等中式元素为主。非常强调体现古典和传统文化的神韵，精雕细琢，瑰丽奇巧。与这类空间配合的中式灯具要求具有内敛、质朴的设计风格。中式风格灯具秉承中式建筑传统风格，选材使用镂空或雕刻的材料，颜色多为红、黑、黄，造型及图案多采用对称式的布局方式。格调高雅，造型简朴优美，色彩浓烈而成熟。中式风格灯具还可以分为纯中式和现代中式两种。

纯中式灯具造型上富有古典气息，一般用材比较古朴；现代中式灯具则只是在部分装饰上采用了中式元素，而运用现代新材料制作，这种也很常见（图 2-37）。

纯中式灯具具有以下特点：

●讲究传统：中国传统装修理念中有非常多的讲究，每种饰物都有一定的规制和含义，有非常多的祝福和企盼体现在灯具造型上。

●讲究层次：中式风格的灯具造型在空间层次划分上有较为严格的要求，从灯具的每个立面和整体的结构比例上都极具层次感。

●讲究古环境学：中式风格灯具设计理念充分地体现家居古环境学。其核心价值是中国家居文化“天人合一”的思想，讲究人与自然和谐统一，较好地阐释了中式灯具的文化内涵。

现代中式灯具具有以下特点：现代中式灯具以新工艺创作出来的仿羊皮灯为代表，光线柔和、色调温馨，给人温馨宁静的感觉。仿羊皮灯主要以圆形和方形为主。圆形的灯大多是装饰灯，在空间中起画龙点睛的作用；方形的灯以照明用吸顶灯为主，外围配以各种栏栅及图形，古朴端庄、简洁大方；单头羊皮灯常被用于茶室和休闲空间（图 2-38）。

图 2-38

（2）欧式风格的灯具

欧式风格灯具是当下人们眼中奢华典雅的代名词，以华丽的装饰、浓烈的色彩、精美的造型著称于世，它的魅力，在于其岁月的痕迹。其体现出的优雅隽永的气度代表了主人卓越的生活品位。欧式灯具非常注重线条、造型的雕饰，以黄金为主要颜色，以体现雍容华贵、富丽堂皇之感。部分欧式灯具还会以人造铁锈、深色烤漆等故意制造一种古旧的效果，在视觉上给人以古典的感觉（图 2-39）。

图 2-39

欧式灯具从材质上分为树脂、纯铜、锻打铁艺和纯水晶。其中树脂灯造型很多，可有多种花纹，贴上金箔和银箔显得颜色亮丽，色泽鲜艳，纯铜、锻打铁艺等造型相对简单，但更显质感。

欧式灯具从风格上还可以分为古典欧式灯具和新古典欧式灯具。古典欧式灯具款式造型有盾牌式壁灯、蜡烛台式吊灯、带帽式吊灯等几种基本典型款式。在材料上选择比较考究的焊锡、铁艺、布艺等，色彩沉稳，追求隽永的高贵感。新古典欧式灯具又称简约欧式灯具或者欧式现代灯具，它是古典欧式灯风格融入简约设计元素的家居灯饰的统称。新古典欧式灯外形简洁，摒弃古典欧式灯繁复的特点，回归古朴色调，增加了浅色调，以适应消费者，尤其是中国人的审美情趣，其继承了古典欧式灯的雍容华贵、豪华大方的特点，又有简约明快的新特征。

（3）现代风格的灯具

现代灯具以其时尚、简洁的特点深受青年人群的喜爱，在崇尚个性的年代里必然受到热烈追捧。现代灯具发展的四个主要流行趋势：应用高效节能光源，向多功能小型化发展，注重灯具集成化技术开发，由单纯照明功能向照明与装饰并重发展。现代风格灯具的设计与制作，大力运用现代科学技术，将古典造型与时代感相结合，追求灯具的有效利用率和装饰效果，体现了现代照明技术的成果。简约、另类、追求时尚的现代灯，总结起来主要有以下几个特点：风格上充满时尚和高雅的气息，返璞归真，崇尚自然；色彩上以白色、金属色居多，有时也色彩斑斓，总体色调温馨典雅；材质上注重节能，经济实用，一般采用具有金属质感的铁材、铝材、皮质、另类玻璃等；设计上在外观和造型上以另类的表现手法为主，多种组合形式，功能齐全。随着科技的发展，现代照明技术不断进步，新材料、新工艺、新科技被广泛运用到现代灯具的开发中来，极大地丰富了现代灯具、灯饰对照明环境的表现与美化手段，从而创作出富有时代感和想象力的新款灯具。人们还通过对各种照明原理及其使用环境的深入研究，突破以往单纯照明，亮化环境的传统理念，使现代灯具更加注重装饰性和美学效果，由此，现代灯具从“亮起来”时代转型到了“靓起来”时代（图 2-40）。

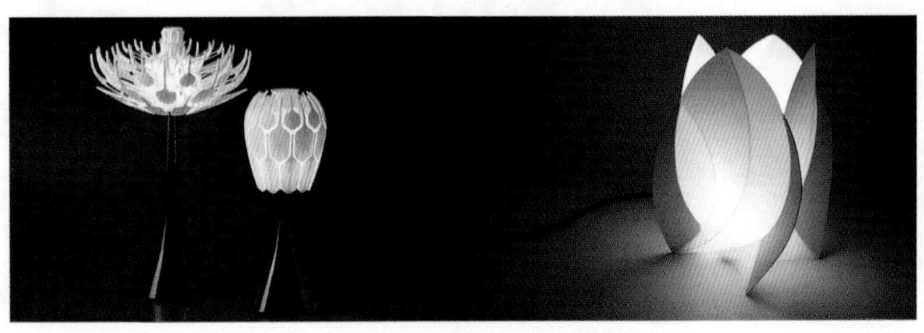

图 2-40

（4）美式风格的灯具

美式风格是美国生活方式演变到今日的一种形式。美国是一个崇尚自由的国家,这也造就了其自在、不羁的生活方式,没有太多造作的修饰与约束,不经意中也成就了另外一种休闲式的浪漫。而美国的文化又是以移植文化为主导,它有着欧罗巴的奢侈与贵气,但又结合了美洲大陆这块水土的不羁,这样结合的结果是剔除了许多羁绊,成就了怀旧、贵气而不失随意的风格。美式风格灯具的这些元素也正好迎合了时下的文化资产者对生活方式的需求,即有文化感、有贵气感,还不能缺乏自在感与情调感。

图 2-41

美式灯具风格主要植根于欧洲文化,美式风格灯具虽然与欧式风格灯具有非常多的相似之处,但还是可以找到很多自身独有的特征：风格上美式灯虽然依然注重古典情怀,在吸收欧式风格甚至是地中海风格的基础上演变而来,但在风格和造型上相对简约,外观简洁大方,更注重休闲和舒适感；材质上美式风格的灯,材料一般选择比较考究的树脂、铁艺、焊锡、铜、水晶等,选材多样；色调上色彩沉稳,气质隽永,追求一种高贵感,其目的与欧式灯一样追求奢华,但美式灯的魅力在于其特有的低调贵族气质；光源上线条明朗、造型典雅的美式灯具一般灯光较为柔和,让人体验到一种与时尚简约截然不同的意境,身处其中,自有一种恬静悠远的境界。美式灯具展现的正如那来自遥远西方的浓郁贵族气质,弥漫着低调奢华的气息,还保留着其独具历史岁月的痕迹,其体现出的优雅隽永的气度,绝对能彰显主人卓越的生活品位（图 2-41）。

（5）地中海风格的灯具

地中海“MEDITERRANEAN”源自拉丁文,原意为地球的中心。地中海风格的灵魂，可以用这样一句话来概括：蔚蓝色的浪漫情怀，海天一色、艳阳高照的纯美自然。通常地中海风格设计,会采用白灰泥墙、连续的拱廊与拱门、陶砖、海蓝色的屋瓦和门窗等设计元素。当然,设计元素不能简单拼凑,必须有贯穿其中的风格灵魂,而蓝色是体现海洋风情最主要的灵魂元素,想要表现海洋世界的空旷、宁静、自由的特点,需要在空间和色彩上营造一种沉静悠远的感觉（图 2-42）。

图 2-42

地中海风格的灯具设计将海洋元素应用到设计中的同时，善于捕捉光线，取材天然。一盏地中海式的吊灯安置于家中，柔情四溢，给人以宁静致远、天人合一的感觉。置身于地中海的世界里，你可以“任清风拂面，看云卷云舒”。地中海风格灯具，素雅的小细花条纹格子图案是主要风格。地中海风格灯具的美，就是海与天明亮的色彩，仿佛被水冲刷过后的耀眼白色。表面处理，可以用一些半透明或蓝色的布料、玻璃等材质制作成灯罩，通过其透出的光线，具有艳阳般的明亮感，让人联想到阳光、海岸、蓝天，仿佛沐浴在夏日海岸明媚的阳光里。地中海风格灯具常见的特征之一是灯具的灯臂或者中柱部分常常会作擦漆做旧处理，这种处理方式除了让灯具流露出类似欧式灯具的质感，还可展现出在地中海的碧海晴天之下被海风吹蚀的自然印迹。地中海风格灯具还通常会配有白陶装饰部件或手工铁艺装饰部件，透露着一种纯正的乡村气息。地中海风格灯具的颜色特征是蓝与白，这是比较典型的地中海颜色搭配，从西班牙、摩洛哥海岸一直延伸到地中海东岸的希腊，白色村庄与沙滩和碧海、蓝天连成一片，甚至门框、窗户、椅面都是蓝与白的配色，加上混着贝壳、细沙的墙面、小鹅卵石地、拼贴马赛克、金银铁的金属器皿，将蓝与白不同程度的对比与组合发挥到极致。意大利南部的向日葵、法国南部的薰衣草花田，金黄和蓝紫的花卉与绿叶相映，形成一种别有情调的色彩组合，具有十分自然的美感。

（6）东南亚风格的灯具

东南亚风格装饰是目前日趋流行的风格，这种风格可以说是一种混搭风格。不仅和印度、泰国、印尼等国装饰风格相关联，还吸收了中式风格元素，又由于东南亚国家多有殖民历史，所以东南亚风格主要表现为两种取向，一种为深色系，受中式风格影响，另一种为浅色系，受西方影响（图 2–43）。

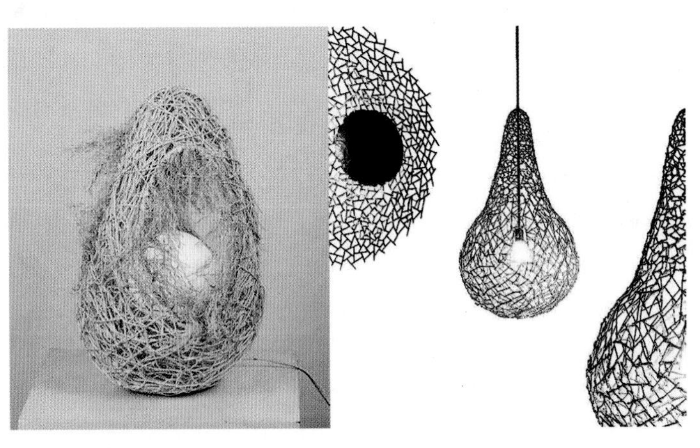

图 2–43

东南亚风格灯具在这种大背景下融合发展成为独有的风格类型，但整体都非常崇尚自然，主要有以下几大表现。

材质上：东南亚风格灯具会大量运用麻、藤、竹、草、原木、海草、椰子壳、贝壳、树皮、砂岩石等天然的材料，营造一种充满乡土气息的生活空间，大多数东南亚灯具会装点类似流苏的小装饰物。

色彩上：为了吻合东南亚风格装修特色，灯具颜色一般比较单一，多以深木色为主，尽量

做到雅致。

风格上：东南亚风格灯具在设计上逐渐融合西方现代概念和亚洲传统文化，通过不同的材料和色调搭配，在保留了自身的特色之余，产生更加丰富的变化，比较多地采用象形设计方式，比如鸟笼造型、动物造型等。

总结东南亚风格灯具，是热烈中微带含蓄，妩媚中蕴藏神秘，温柔与激情兼备，散发着浓烈的自然气息。

（二）现代家居灯饰的发展趋势

室内装饰设计的发展，适应当今社会发展的特点，趋向于多层次、多风格。由于使用对象的不同、建筑功能和投资标准的差异，明显地呈现出多层次、多风格的发展趋势。但有一个共同点，就是不同层次，不同风格的现代室内设计都将更为重视人们在室内空间中的精神因素的需要和环境的文化内涵。灯饰的审美在经历了大起与大落之后，20 世纪 90 年代末以来，人们便开始反思，追求一种更高层次的属于精神领域的东西。在现代家庭装饰中，灯具的作用已经不仅仅局限于照明，更多的时候它起到的是装饰作用。因此灯具的选择就要更加复杂得多，它不仅涉及安全省电，而且会涉及材质、种类、风格品位等诸多因素。一个好的灯饰，可能一下成为家庭装修的灵魂，让你的客厅或者卧室焕然生辉，平添几分温馨与情趣。所以，灯饰选择在家庭装修里也就变得非常重要。家庭中如果没有灯具，就像人没有了眼睛，没有眼睛的家庭只能生活在黑暗中，所以灯在家庭的位置是至关重要的。如今人们将照明的灯具称作灯饰，从称谓上就可以看出，灯具已不仅仅是用来照明的了，它还可以用来装饰房间。随着现代照明技术的发展与新材料、新科技成果的不断出现，对各种照明原理及其使用环境的深入研究，都丰富了现代灯饰对照明环境的表现力和其独特的艺术魅力，灯饰的合理化和个性化便成为了布置家居的主流。这时人们看重的已不仅仅是灯饰的价格了，更多关注的是其中潜在的价值，而个性化就是这种价值的最高体现，各种款式、各具功能的艺术灯饰的出现让我们的生活呈现出无穷魅力。

随着高文化素养的消费群体的增大，家居装饰的文化含量将大大提高。在家具配置方面，能体现文化底蕴的灯饰将大受欢迎。无论是装饰或家具，都以“以人为本”的概念作为设计的指导思想。而随着人们环保意识的增强，环保设计和以环保材料制作的家具会越来越多。

目前，国内的室内照明设计，已由过去仅注重单光源过渡到追求多光源的效果。这样的变化表明，设计师已经意识到良好而健康的灯光设计对人们生活的影响。在单光源时代，客厅和卧室往往由一盏灯统领全局。而现在，多光源设计已经照顾到每一个使用者和每一种生活情境对灯光的需求。多光源的配合使得空间照明无论是浓墨重彩还是轻描淡写，都能形成曼妙的空间氛围。

理想家居装饰用灯的概念是美观、实用、个性化，强调自我、追求个性将成为许多顾客的首要选择。市场上家具与灯饰的日益丰富为顾客提供了更多选择，而顾客爱好取向的个性化又对家具与灯饰的发展提出了更新更高的要求，促使家具与灯饰不断结合。

（三）未来家居灯饰的设计预想

随着科技的不断发展以及人们对居室照明环境不断提出更高更新的要求，灯具设计概

念已发生了很大的变化。现代灯具设计要求设计师们要以人为本，从居室照明环境的需求出发，采用先进照明技术，将人-灯具-居室光环境三者整体考虑，有机结合，和谐统一，设计出能适应居室光环境变化，满足人们对居室照明环境要求的现代居室灯具。人们对灯具的设计将不再是对灯的设计，而逐渐升华为对光环境的设计，灯具的设计是为了实现相应的居室光环境。这一灯具设计理念在未来的居室灯具设计中必将依然具有很强的生命力及适应性和前瞻性。

特别是新光源、智能控制等照明技术和信息技术在现代居室灯具设计中的广泛应用，使得现代灯具设计将使我们传统观念中的灯具设计观念发生翻天覆地的变革，现代灯具也不再是以往固定的构造，光源、灯罩、灯座、开关及电源连接线等部件构成，将变得更加丰富多彩也更加的善变。室内的灯具将会消失，而将变成由单个灯具照明转化为无照明器具感的整体照明效果的无影灯。室内任何物体都可以成为发光的“灯具”，天花可以发光，墙上可以放光，甚至饰物也可以发光……它无处不在。灯具将不再是某个具体的实物，你看不到它，室内不再有灯具的影子，但开启光线时却能感觉到它的存在。

由于信息化、网络化、集成化等技术的深入应用，现代居室灯具照明发生了深刻变革，居室照明观念也发生了改变。要想更具个性化和人性化，更多先进的技术手段将进入到灯具业。利用计算机遥控台和室内电脑照明控制系统，可随自然照明程度、昼夜时间和用户的要求，自动改变室内装饰照明灯具光源的状态（图 2-44），将整个照明系统的参数设置、改变和监控通过屏幕实现。

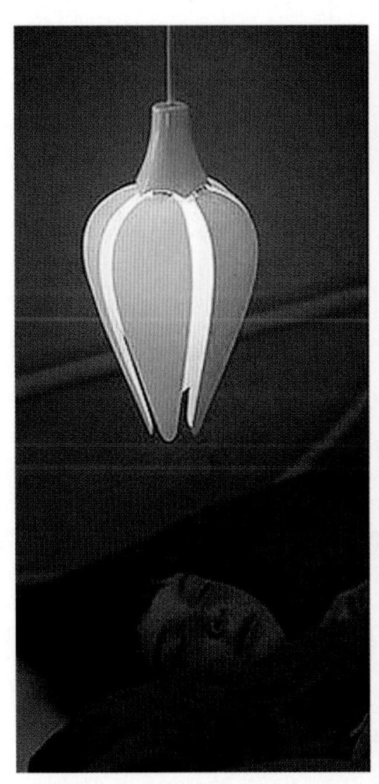

图 2-44

根据对基于居室照明环境的现代灯具设计的研究结果，我们可以想象出这样情景：

在不久将来的某一天傍晚，当一个工作日结束后，居室自动灯具照明系统进入晚上工作模式。工作了一天的你回到自己的住宅,刚踏入门口,感应器自动打开走廊路灯,居室内过道上的LED灯具在中央控制器的调控下,由弱至强自动调光开启;你进门后,大厅、楼梯及过道等的灯具都相继由弱到强自动开启,并调节至柔和的光色,让你有一种回家的温馨感觉;过道的LED壁灯光线暖和,客厅内的光纤照明吊灯发出柔和光色,你也可以拿起遥控器,根据自己此刻的心情,选择合适的照明模式和照明基调。当你坐下来看电视时,此时客厅的LED灯具和光纤吊灯由强到弱自动调至黯淡,并根据电视所发出来的光强,自动调节照度强弱,营造柔和健康的光环境。随着时钟指到22:30,你要睡觉了,此时你按动遥控器,卧室内和无人区域的灯光自动关闭,过道灯光调至最低照度,家庭安防系统自动开启……

在静谧的晨光中,主人正在卧室酣睡。这时,时钟指到6:30,起床的时间到了。此时,卧室窗帘自动拉开,洗手间的灯光由弱渐强,居室自动灯具照明系统进入白天工作模式……在光的提醒下,主人起床了。室内的灯具根据窗户所采集的自然光强,调节灯具的发光强弱直至熄灭,此时户外光导管采光照明灯具开启,保证居室室内的照度均匀;在漱洗、用餐之后,主人出门,回头一按手中的遥控器,家中的安防系统自动启动,家中所有灯具全部关闭,新的一天工作开始……

通过对基于居室光环境的现代灯具设计预想,可以体会到现代居室灯具照明智能化现代化的气息,可以领悟到以人为本的人性化现代居室灯具设计思想。现代照明技术的运用,现代居室灯具的设计已不再是仅仅满足照明功能,更是为了营造温馨舒适、恰合时宜的照明光环境,为了满足人们对居室照明全方位的需求,为了体现人性化设计才是现代居室灯具设计的根本。也正由于光源和智能控制技术的高度应用,现代灯具设计变得更加节能环保化、智能集成化、人性化。

(四)家居灯具设计影响因素

1. 照明光源的因素

(1)传统光源

传统光源主要指火光源,其放置方式及相关灯具构造与燃料的发展是密切相关的。火光源照明的燃料有很多种,不同的燃料有不同的放置方式,会出现不同的灯具构造。人类照明最初用的是篝火和火炬,光源是树枝木条。篝火直接放置在地上,火炬也称单枝枝烛,是指用单根植物枝条点燃来照明,可以手执,也可以插在洞穴的侧壁上。后来人们用多根较细的植物枝条捆成一捆代替单枝枝烛来照明,称作束枝枝烛。由于细枝条间有空隙,空气可以进入,而且接触空气的表面积增大,燃烧会更加容易和充分,照明效果较好。再后来人们在烧烤食物的过程中发现动物油脂可以助燃,就把束枝枝烛混合以动物油脂加以照明,可以称这种光源为"脂烛"。大约在脂烛作为光源的时期出现了专门的灯具。根据考古的成果,目前发现最早的出土灯具是战国时期的。有了灯具,人类可以更好地控制和储存燃料、固定光源,并可将光源和燃料放置在所需的位置,提高灯具的发光能力。

脂烛在不断进步,产生了油灯和蜡烛。人们逐渐减少脂烛中枝条数量而增加油脂并用液态的植物油代替动物油脂,油中的固体细条作为灯芯使用。这种使用液态油质燃料有灯芯的照明灯具称之为油灯。另一方面,人们用蜡代替脂烛的油脂,做成了圆柱状的固态光源蜡烛,使用脂烛和蜡烛的灯具称为烛灯。油灯在战国时期就有了,蜡烛最迟是在东汉时期出现的。油灯和烛灯是中国历史上两类主要的灯具。唐宋之后中国流行的种类丰富的彩灯，其主要光源仍为蜡烛，光源放置与烛灯类似，其变化集中在造型和材料上。

中国古代灯具根据光源不同采用了相应的灯具构造；灯具构造巧妙，设计合理，技术含量高；灯具注重燃料的节省和对光源的控制；灯具非常注重实用性，形式不拘一格，在民间灯具中尤为明显；很多灯具既可做烛灯，又可做油灯，还可用生活中其他器物代替，体现了劳动人民的智慧。丰富的火光源灯具充分表现了中国照明史的辉煌。

（2）现代光源

现代光源则是电光源。随着 1879 年爱迪生发明了白炽灯泡，灯具的光源发生了革命性的变化，摆脱了火光源时代，进入了电光源时代。到了 1938 年，美国通用公司的研究人员伊曼发明了荧光灯，这一电光源技术的伟大突破又为人们提供了一种优秀的光源。直到现在，居室灯具中最常见的光源依然主要是白炽灯、荧光灯。白炽灯以及后来出现的水银灯、金属卤化物灯等，他们的发光原理都是内部钨丝及惰性气体或放电气体共同作用而致发光。而正是因为这种发光原理，导致了白炽灯及其他同类灯具灯泡材料必须是熔点高、导热性高、透光性强的材料。于是，玻璃成了首选材料，后来经过对玻璃种类、色彩、工艺、造型的改变，出现了各种造型的白炽灯，对于灯具造型的完善也起到了重要的作用。

由于白炽灯的聚光性能较差，其发出的光线若不经过约束，就无法投射到所需的区域上去，很难达到照明的效果。而且，白炽灯发出的光线较为刺眼，使得人眼不能直视，因此必须将其隐藏于灯罩内，才能不伤害人眼健康，避免不必要的眩光出现。一般用白炽灯作光源的灯具，都会配有适当的灯罩实现一定的功能，比如用半包围的灯罩来控制光线的投射方向，达到区域照明的效果，用全包围的灯罩来遮挡眩目的灯光，达到漫反射的效果。同时，灯罩作为灯具最外部件，易于给消费者留下深刻印象，正是其优秀的可装饰性使其成为灯具设计的主要着眼点。

白炽灯发出的光为橙色，色调偏暖，是室内照明的主要光源，虽然给人的视觉感受比较温馨，但是其较低的照度也使其难以满足大范围的照明。同时由于白炽灯泡只能将电能的 10% ～ 20% 转化为光能，其余 80% ～ 90% 都转化为了热能，所以其能量转化效率还是比较低的。随着绿色环保理念的逐步深入人心，国家已经做出规定，逐步停止白炽灯泡的生产，转而使用节能灯具。当前较为节能的灯具主要是荧光灯，虽然其光色清冷，缺乏温馨感，但作为大范围提高照明亮度，还是非常适合的。并且，其寿命也比较长，可以制成许多不同的形状，对于灯具的造型提供了一种新的契机。

现代社会对产品的开发制造最重要的着眼点是“经济”和“环境保护”。由于减少产品的尺寸，可以减少材料的投入，降低成本，所以照明器材也不例外，照明产品方面最能体现这一潮流的是紧凑型荧光灯、细管径、超细管径直管荧光灯。

由于荧光灯及后来出现的节能灯，需要更多的气体提供足够的放电效果，导致了他们在外观形态上与白炽灯的不同，即由原来白炽灯泡的类球形变成了类圆柱形，而这种设计上不得已的改变也同时增加了日光灯管更为多样的变化，通过对圆柱形灯管不同形式的弯曲甚至折叠以达到不同的造型效果。

（3）未来光源

未来光源则将以高亮度 LED 为主流。LED 是用低压电源，供电电压 6 ～ 24 V，根据产品

不同而异，所以它是一个比使用高压电源更安全的光源，特别适用于公共场所。它消耗的能量较相同光效的白炽灯要少 80%，同时它的体积很小，每个单元 LED 小片是 3 ～ 5 mm 的正方形，所以可以制备成各种形状的器件，并且适合于易变的环境。它的稳定性很好，寿命可达 10 万小时，光衰为初始的 50%。在响应时间上，白炽灯的响应时间为毫秒级，而 LED 灯的响应时间则为纳秒级。并且还没有有害金属汞污染。

由于单只 LED 功率较小，光亮度较低，无法满足照明需要，不宜单独使用，而将多个 LED 组装在一起才能设计成实用的 LED 灯具；又由于单个 LED 晶粒体积非常小，可以看作一个个小点，并用其灵活地排列成任何想要的形态，使得用其设计的 LED 灯具在居室中使用时，只感受到光的存在，而不会注意到灯具的存在。LED 能根据电流的变化发出不同的颜色，既可以制造白炽灯光温馨的感觉，也可以制造荧光灯清冷的感觉，这大大增加了 LED 灯具对不同居室环境的适应性。LED 可以满足低电压直流供电，使得其灯具内部避免了复杂的线路，用电池就能满足供电，使其可以便于携带，在任何没有电能的环境也可使用。LED 晶粒被树脂牢牢地封结在密闭环境，没有白炽灯脆弱的钨丝，所以一般的摔打、碰撞对它毫无影响，大大提高灯具的可靠性。LED 灯具的优势还有很多，这里就不一一列举了。正是这种种技术的进步，为未来灯具的设计留下了无限广阔的空间。

2. 色彩因素

（1）灯光用色的健康原则

人们对色彩运用首先要考虑的就是符合健康原则，美化居室是为了追求美与享受美，但是健康才是首要的。如果灯光色彩运用不当，反而会对身体健康造成严重损害，这样再美的空间也是不符合居住要求的。按照不同色彩对人的心理和生理的影响程度，需要具体掌握各种颜色的心理暗示作用：蓝色可减缓心率、调节平衡，消除紧张情绪；米色、浅蓝、浅灰有利于安静休息和睡眠，易消除疲劳；红橙、黄色能使人兴奋，振作精神；白色可使高血压患者血压降低，心平气和；红色则使人血压升高，呼吸加快。

（2）灯光用色的协调原则

任何事物和谐才是真正的美，居住空间不要使灯光和色彩形成强烈对比，切忌红绿搭配等刺激性色调，因为灯光过于花俏容易使人产生紊乱、繁杂的感觉，严重的会导致疲劳和神经紧张。灯光的色彩必须掌握协调原则。

首先，灯光颜色要与房间大小相互协调，要体现层次感，分清主次，以达到美化居室的目的，房间狭小要选用乳白色、米色、天蓝色，再配以浅色窗帘这样使房间显得宽阔。

其次，灯光颜色与墙面色彩协调，选择灯饰和灯光颜色时要考虑墙面色彩和个人喜好因素。如果墙壁和主色是绿色或蓝色，黄色为主调的灯饰可以带给人阳光感；如果墙面和主色调是淡黄色或米色，色调偏冷的吸顶式日光灯，能与墙漆“中和”出柔和的光线氛围。

（3）灯光用色的功能性原则

居室：灯光颜色的选择，要考虑居室的使用功能，随室内的使用功能的不同而选择不同的灯光色彩，有利于创造平稳、安定、温馨、温暖的色彩环境。

客厅：为了烘托出一种友好、亲切的待客气氛，采用鲜亮明快的灯光设计非常有帮助，但是要注意颜色的深浅层次搭配，注重意境营造。

卧室：卧室是人们的主要休息场所，这个空间灯光不需要太亮太耀眼，浅鹅黄色能给人以温暖、亲切、活泼之感，采用浅鹅黄色光源比较容易营造温馨的就寝环境。

书房：一般书房的家具台面以栗色和褐色为主，采用活泼、明快的黄色暖光，能调和出清爽淡雅的视觉氛围，黄色的灯光可以在狭窄的学习空间里营造一种广阔的感觉，可以振奋精神，提高学习效率，有利于消除和减轻眼睛疲劳。

餐厅：刺激食欲和营造浪漫是餐厅灯光设计的重要任务，采用浪漫的黄色、橙色等暖色灯光设计是不错的选择。

厨房：厨房的特殊作用决定了它们对照明的实用性有着很高的要求，厨房的灯光设计要明亮实用，色彩不要复杂，当台面光线不足时，可以选用隐蔽式荧光灯来为厨房的工作台面提供照明。

卫生间：营造浪漫、平易的情调是卫生间灯光设计的重要任务，温暖、柔和的灯光洋洋洒洒地照射在富有复古质感的墙、地砖上，在多层次灯光作用下，可以带来古典的美感。

3. 材料因素

材料是区分物质的最重要的要素。不同的材质具有不同的质感和属性，粗糙或光滑、柔软或坚硬、易碎或有延展性、轻薄或厚重等等。这些因素会给人带来不同的生理或心理反应，比如领会物体的软硬、粗糙就往往需要借助触觉的感受。软质物体往往诱导我们的触觉，因为它们是那么友善；反之，硬质的物体往往具有排斥性，光滑的表面会显得冰冷单调。每种材质都会有最适合的造型特点和造型缺陷，在造型设计中要学会根据材质扬长避短。所以对所用材质的特性没有分析，即使是同样的造型，效果也会相差很多。

现代灯具的材质五花八门，几乎所有的材料都可以用来制作灯具。除了传统常见的铜铁、陶瓷、石质灯具外，水晶、竹木、皮革、玻璃、布艺、纸质以及多种合成材料（如塑料）、可以净化空气的水晶盐等越来越多的材料被应用在灯具的装饰领域。蜡烛这种古老的材料也通过工艺制作焕发了新生。

所以，材料在很大程度上决定了产品的形态美感。下面就灯具设计具体分析，说明灯具选用的材料对其最后表现出来的形式美感的影响。

（1）纸质灯具

在古代，纸是人们找到的既能透光又能防风、造价最为低廉的好材料，所以纸灯笼已经有很长的历史。各地的特色灯节也都少不了纸灯笼的身影。纸灯是一种古老、制作简便的灯具。现在纸灯已经不只是作为户外灯，仿窗棂式的落地灯、壁灯，古朴木雕灯座的台灯，更具现代感线条简洁流畅的吊灯已经是室内灯具的重要组成部分。

中国古代的孔明灯极具特色，相传是三国时期诸葛亮发明的。选择晴朗无风的夜晚，将孔明灯中心的棉花浸透油后点燃，孔明灯便徐徐飞起。孔明灯虚无缥缈的感觉，在徐徐上升的过程中，似乎更容易寄托人们的情感，也许这就是现代人见过这么多纷繁复杂之后，依然喜欢这样用竹子粗纸和铁丝扎捆古老的孔明灯的原因吧。灯笼的制作材料和方法与孔明灯相似，作为重要的中国古代元素，中国人过年过节的时候，爱用红灯笼来表达喜庆红火，以求来年的好兆头，也可以用于舞台配景，热烈喜庆，多个灯笼组合搭配可用来做店面广告。

科技高度发达的今天，人们已经很少用纸质灯具作为长时间照明之用。但是由于纸张轻薄、半透明、材料普遍、价格低廉、制作工艺简单、色彩丰富和表面装饰快捷等特点，纸灯依然活跃在我们的生活中。同时由于纸张易燃、易损坏的特性,它在灯具设计制作中一直用于临时性、节日性的场合,非常适合表达强烈的感情,透露出浓浓的东方古代文化感。

当然,纸材自身也随着科技进步得到了发展,使得其克服一些自身弱点,进而为灯具设计提供一种新的可能。如美国设计师的作品"仲夏灯",采用美国新材料蒂维克纸(Tyvek)制成,具强大韧性,任由你撕扯折叠都不会损坏,而且防水,最高可达60 W照明。灯具点亮仿佛空间轮回,大自然的光影在四壁转换,花香芳香弥漫整个空间,犹如置身生机勃勃的仲夏之夜。即利用纸材的特点取得轻盈的造型,也营造了如诗的光影效果。

纸灯的颜色一般都采用纸的本色或浅米或乳白色。昏黄的灯光经过米色灯纸的过滤更显渺茫、迷离。市场上也有很多图案彩灯可供选择。

(2)布质灯具

布质材料也是灯具的经典选择,拥有永不衰竭的魅力。布质材料通常以简洁典雅的质感取胜,并用打褶、滚边、刻花的方式变化。将其应用在灯具上虽然没有给人带来特别可信、高质量的感觉,但布质鲜艳的色彩、温暖的感觉,依然使它成为许多人的最爱。

芬兰设计大师阿尔托瓦推崇繁华之风,从自然界的水母、贝壳、珊瑚、荚果和花朵中受到启发,设计出了漂亮的灯具,其中最具代表性的当属作品"清晨的阳光"。

(3)木质灯具

木材也是人们使用十分久远的一种造型材料,生活中不可缺少。作为天然资源在自然界蓄积量很大,分布很广,取材方便。木材质轻,富有韧性,色泽悦目,纹理美观,易于加工成型和涂饰。

其实木质材料并非东方人的"专利",如德国著名的实木灯具生产商DOMUS,准确把握实木家具消费日渐升温的潮流,设计了一系列时尚的实木灯具。其将目标客户聚焦在退休人员的"老年之家"、幼儿园和酒店的灯具系统上,这些室内灯具要求能提供家庭氛围的照明和技术上的竞争力。传统实木灯具发展的同时,人造板材的应用也不断增加,其幅面大,质地均匀,表面平整光滑,变形小,美观耐用,易于各种加工,为灯具造型带来了新的变化。2005年产品设计类红点奖,得奖作品Evio吊灯,其新颖性来源于设计中采用了与众不同的材料。它采用的是胡桃木涂装和精心漆成木纹的沙滩木以及石棉水泥,一个不燃的灯顶装配有采用纤维和接合剂制作的材料使得该系列产品给人一种尊贵的感受。通过采用木料和石棉水泥能够真实地模仿混凝土的外形,同时也使该产品同传统的灯具区分开。

竹材和藤材分别作为木材的一类,在灯具设计中也同样有着不俗的表现。由于具有防蛀防潮的作用,更有利于灯体的保护与使用。其演绎出自然纯朴、时尚、新潮、大方的风格,为你的室内照明与装饰带来新的元素,在这样朦胧的灯光下进餐,享受着静谧的生活,别有味道的放松与淡然,为生活增添了不少色彩。

(4)玻璃材质

玻璃是一种特殊的人工合成材质,由熔融物冷却硬化而得到的非晶态固体,在高温下其随温度的下降而逐渐增大硬度,直到变成脆性玻璃。玻璃的主要成分是二氧化硅,它冰冷、易碎、耐腐蚀,但不耐高温,骤变的温度会使玻璃炸裂。然而就造型的完整性来看,这些属性还算不上影响玻璃材质造型最重要的因素。玻璃最大的特点是透明、纳光纳色、折射和反射光线,这是由于玻璃中含有钠元素和钾元素的原因,也是玻璃区别于其他材质最显著的特

征，并且是影响玻璃材质造型最重要的因素。玻璃透明的属性给物体造型提供了其他材质无法达到的可能性，无论是器皿造型、建筑造型、室外雕塑造型、灯具造型还是艺术家创作造型，玻璃内在的光和色的闪耀、虚幻的气质都给人亦幻亦真的感受。

玻璃因为其透明、绝缘等特性，在现在的灯具设计中几乎都要用到——作为灯泡或灯管。然而其折射光线的性能同样可以加以利用。被誉为北欧设计经典的“冰块灯”，是设计史上的重要作品。设计师哈里·克斯宁巧妙地利用了玻璃的透光性和折光性，充分展示了玻璃工艺、光线变化以及灵感创意的完美融合，在冰块中呈现灯泡的温暖，强烈的对比让人一眼难忘。1997 年投入市场后，已经销售了 15 000 个产品。

利用玻璃易于着色的性能，也产生了另一种灯具设计的方式。其中极具代表性的就是穆拉诺玻璃台灯，它的特色就在于其使用的材料及独一无二的手工工艺——穆拉诺玻璃。意大利穆拉诺岛的玻璃制作工艺，受伊斯兰文化影响，自 19 世纪就开始闻名于世。因为是手工制作，玻璃看起来一样却又略有不同。因为不同地方的色调和厚度不同，使人们可根据需要获取或亮或暗的光线。曲线和柔软的设计让人在光源中产生对性感的独特理解。

为了改善灯具的照明效果，对玻璃的性能也提出了更高的要求。比如经过科学研究发现，利用半导体二氧化硅电极在紫外线照射下的光催化作用，可有效地分解有机物，达到对水和空气的净化处理功能。将这一技术应用在灯具反射器的制造中，可以有效地降低有机物对灯具的污染，从而达到灯具自洁的作用，提高了灯具光效，取得了极好的效果。

（5）金属灯具

金属灯具在现代生活中非常常见。它常常表现出现代、理性、冷漠、冰爽的感觉特性。由于金属通常不采用手工制作而是工业生产，因此使用金属材料在很大程度上意味着功能主义、材料美学和技术美学。金属灯具在形态上常选用几何形的组合，在色彩上常是金属的本色、黑色、银色、金色等。而金属的加工工艺也决定了它不能有太多炫耀和装饰的东西。由于金属材料良好的力学性能，可以使用非常纤细的结构来承担承重和平衡的功能。因此有时候反而可以形成一种轻盈的态势。金属通常情况下质量较重、颜色深，因而会给人以坚硬、沉稳和冷漠感，但对抛光后的金属来说，其沉稳感会有所减轻，不过这时它却又增添了精密感和光亮感。金属线材和板材弯曲后具有较强的张力感和轻快感。而金、银、铂等贵金属由于它们的色泽还能使人产生富贵感。总之，金属灯具一般都表达出准确、精确、令人信任的心理感受。

当然对于金属的使用，设计师一直在努力寻求改变这种冷漠感的方法。他们利用铝线作为造型的主要材料，通过不规则的造型，杂乱无章地组合，构成了极富特色的画面。

（6）塑料灯具

与金属材料一般的灰黑或银白不同，塑料材料的灯具通常有着更鲜艳更自由的色彩，这也是为什么塑料材料总是有着温暖喜悦的情绪的原因。因为暖色和高明度的色彩具有前进、突出、接近的效果。而冷色和低明度的色彩则效果相反。明亮色令人感到柔软、轻快。混浊色令人感到坚硬、浑重。另一方面，塑料有更自由的形态，从触觉上也更温暖。所以绝大多数的情况下，塑料灯具都会表达出亲切怡人的感觉。

材料很大程度上决定了产品的外观、形态。传统的情况下，材料的选择也是决定加工工艺的主要因素。未来灯具材料的发展必然以现代人们的需求为导向，以科学技术和材料科

学的发展为基础，概括起来可以分为以下三点。

首先，自然纯朴，返璞归真的自然材料。一方面作为画龙点睛的灯饰，对环境格调起着非常重要的调节作用。由于现代社会工作繁忙，竞争压力大，加重了人们对大自然的怀念与向往，而由自然材料制作的灯饰在某种程度上就满足了人们这种精神需要；另一方面，自然材料无毒无害，又具有很好的环保性，因此越来越受到人们的钟爱。

其次，智能化、技术含量高的复合材料。随着材料科学的发展，材料的种类越来越多，性能也越来越优化，一些智能化，技术含量高的复合材料将逐渐应用于现代高档灯具的设计中，如有些灯具的材料将会随着照射时间的不同而变化颜色或根据声音的不同来确定颜色等。另外随着人们审美意识和经济能力的提高，这些复合材料的表面艺术处理也将越来越丰富，越来越受到人们的重视。

再次，晶莹剔透、富丽豪华的材料。这些多用于气势恢宏的高档吊灯和精巧的水晶台灯，此种材料具有很好的反光性，再加上其剔透的质地，对高档办公及豪华宾馆和饭店等公共设施的装饰起着非常好的渲染效果。

四、餐具

精致的生活要落实到每一个细节。而所谓的品位，更是要见之于细微之处。别的不说，单就那一方餐桌，小天地里就有大学问。除了床以外，餐桌是家居中与我们最亲密的家具，几乎天天要与它为伍，或饕餮，或细嚼慢咽。物质生活虽然终究逃不过一个“吃”字，但是那桌上的餐具却可时时更换，或素雅、或富贵、或简单、或繁复，不同样式、不同颜色的器皿，竟能让你“吃”出不同的意境来。一套形式美观且工艺考究的餐具还可以调节人们进餐时的心情，增加食欲。

这里将餐具大致分为陶瓷餐具、玻璃器皿和刀叉匙三大类来介绍，它们是生活上的必需品，亦象征着人们的饮食文明。

（一）陶瓷餐具

陶瓷的传统概念是指所有以黏土等非金属矿物为原料的人工工业产品。它包括由黏土或含有黏土的混合物经混炼、成形、煅烧而制成的各种制品。由最粗糙的土器到最精细的精陶和瓷器都属于它的范围。

餐具，英文译为 dinner set，用餐的器具，如碗、筷、匙等 。餐具是用于分发或摄取食物的器皿和用具，包括成套的金属器具、陶瓷餐具、茶具酒器、玻璃器皿、盘碟和托盘以及五花八门、用途各异的各种容器和手持用具。瓷器餐具主要包括碟、茶杯、茶杯碟、咖啡壶、茶壶等。选择瓷器餐具时，应该考虑个人品位、室内布置、食物种类甚至性格。

陶瓷餐具可分为中餐具、西餐具、日式餐具等等，根据使用的不同场合还可分为公共餐具和家庭餐具。

陶瓷餐具在中国家庭中扮演着十分重要的角色，在家庭中人们使用最多的也是陶瓷餐具。陶瓷餐具有独特的细腻如玉的质地、晶莹剔透的品质，一直以来都受到了人们的喜爱。由于陶瓷具有很多的优点，耐热、利于环保、容易清洗、使用多次亮丽如新，且可用于微波炉加热,如此的便利使得人们的生活离不开陶瓷餐具。人们对于陶瓷餐具的选择,不仅需要其使用的功能性,而且进一步发展为陶瓷餐具的艺术审美性的需求。面对现代家居环境的明显改善,住房的家居和装饰各放异彩,陶瓷餐具正经历着一个由传统日常用品向时尚鉴赏实用品的转变,茶具、陶瓷餐具等室内陈设的装饰物品不再是孤立的一部分,从室内各个物品的组合搭配来看,陶瓷餐具要与周围使用环境相协调。从风格上讲,陶瓷餐具的风格也要与现代家居装饰的风格一致。陶瓷餐具有一定的艺术性,与周围使用环境协调;陶瓷产品要易于持握、摆放、使用方便;陶瓷产品要适合个人使用方法、个人特征和身份地位。

1.“天人合一”对陶瓷餐具风格的影响

中国传统陶瓷艺术的形式创造,在追求和谐美的本质前提下,遵循“天人合一”的传统哲学思想,充分地演绎和体现出一种力图全面把握、协调宇宙万物相互关系的高远意图。其造物思想重视人与物、用与美、文与质、形与神、心与手、材与艺等因素的相互关系,主张“合”“和”“宜”。现代陶瓷餐具风格的设计同样离不开“天人合一”的影响,在这种思想的影响下,陶瓷餐具风格的设计不单本身的造型、装饰、色彩以及制作工艺要和谐,而且也要充分考虑到陶瓷餐具放置时的位置,是否与其所在的环境和谐。陶瓷餐具的风格与家居环境有着密切的关系,陶瓷餐具风格从属于家居环境的装饰风格,但同时又是家居环境不可缺少的一部分,因此对于陶瓷餐具的风格一定要与家居环境的装饰风格相一致,这也正是“天人合一”在家居环境和陶瓷风格这两方面的集中体现。

陶瓷餐具依赖着家居环境,受到家居装饰风格的影响和制约,陶瓷餐具所表现的造型、色彩、肌理等方面都与特定的家居装饰相协调,与家居空间其他的装饰品以及家具等元素一起构成了不同的氛围、不同空间的家居环境。精美奢华的陶瓷餐具,若所处的环境不对、风格不统一、色彩不和谐,也无法认为它是奢华的。对于陶瓷餐具而言,既要考虑陶瓷餐具本身各组成元素所构成的基础系统,即功能造型、材料、结构、色彩之间的相互关系以及它们各自与各自组成的统一体作为子元素放在现代家居装饰风格的宏观系统中去研究。对陶瓷餐具而言,它的风格构成是不同的,有的自然清新、有的包含出水芙蓉之美、有的蕴藏或华丽或古典抑或简约的气质,正是不同风格构成的陶瓷餐具与家居装饰和谐统一,可使居住的环境更加协调,反之则格格不入。陶瓷餐具的风格与家具的样式、家居装饰的风格相统一,不同的家居装饰风格搭配不同的文脉构成的餐具,不仅仅是家居装饰设计师所要考虑和斟酌的问题也是陶瓷餐具设计师在进行产品设计时所要研究的因素。陶瓷元素作为家居装饰的载体,不仅在功能上要与其所在的环境空间功能相协调,而且应创造符合这一空间的氛围和风格。不同文化层次、不同消费层次、不同的地域特点、不同审美的人对陶瓷产品有不同的要求。通过对家居装饰风格的探讨,将陶瓷产品的风格融入到家居生活中,更加完美地体现陶瓷餐具的内在价值、艺术价值和创新价值。所以家居装饰风格的发展影响着陶瓷餐具的风格,室内家居环境下,陶瓷餐具散发着独特的艺术魅力,陶瓷餐具不仅为生活带来了便利,同时提升了人们的艺术修养,提升了人们对生活高品质的追求;陶瓷餐具作为家居装饰的一种营造艺术空间的载体,依附家居装饰风格,提升了人们的文化审美方式,对人们生活空间进行了艺术化的处理。

2. 陶瓷餐具原料的绿色化需求

提倡选用无铅无镉釉料及远红外陶瓷粉加入。

陶瓷餐具生产中使用的原料与其他日用陶瓷产品生产所用原料相同，大致可分为下列几种：

●塑性原料（包括半塑性原料），有软质黏土和硬质黏土；

●瘠性原料，有石英、黏土熟料和瓷粉等；

●熔剂原料，有长石、硅灰石、石灰石、白云石、瓷石和滑石等；

●辅助原料，有锆英石、磷灰石、骨灰和化工原料等。

黏土类原料是日用陶瓷生产中的主要原料之一。细瓷配料中黏土类原料的加入量常达40% ～ 60%，而陶器和瓷器中黏土类原料的用量还会增多。

我国对影响人体健康的指标有着严格的限定，在陶瓷餐具上必须执行国家标准GB12651-2003《与食物接触的陶瓷制品铅、镉溶出量允许极限》里所规定的国家强制性标准，其适用范围覆盖了所有的日用陶瓷饮食器具。铅、镉的存在是由于产品表面装饰图案中陶瓷釉料里含有其成分所致，铅的存在还有可能是为降低产品表层釉的烧成温度而加入了含铅成分所致。若生产工艺控制不当，极易造成在使用过程中铅、镉的过量溶出，而铅、镉溶出量就是指餐具中重金属铅、镉溶入食物的量。如陶瓷餐具在盛装食物时，特别是盛装酸性的饮料或食物时，餐具中的化学成分铅、镉会被溶解出来，污染饮料或食物，长期使用这类产品极易引起铅、镉重金属中毒，严重影响人体健康。

产品健康安全的重点是无铅无镉、低放射性，陶瓷餐具厂家首先必须选择性能安全的坯料、釉料等原材料，避免消费者的生命和健康受到伤害，从而体现出对生命的关爱和尊重，满足消费者对健康、安全的需求。目前市场上一些颜色艳丽的陶瓷餐具，虽然给人的视觉效果是非常美观的，但餐具中的铅、镉含量实在令人担忧。而降低铅、镉溶出量的主要方法有：研制无铅的、耐腐蚀的色料和釉料（特别是软质瓷的），其关键是研制无铅熔块代替含铅熔块；改进现在烤花窑的窑炉结构和排风系统及温度曲线和温差，从而降低铅镉溶出量；采用中温彩的装饰方法，研制适合中温彩装饰用的烤花窑，从根本上解决铅镉溶出量的问题；采用蒸汽降铅和涂层保护降铅的方法，从而降低铅镉溶出量。同样，常温远红外陶瓷制品也属于健康绿色型产品，它是利用一些材料可以发出 2 ～ 18 μm 远红外辐射波，激发细胞改善微循环。例如：麦饭石、电气石、MgO- Al_2O_3-SiO_2-TiO_2-ZrO_2 稀土系列的远红外陶瓷粉，加入到坯釉当中去，用这种远红外陶瓷粉生产制作成陶瓷餐具，具有高效杀菌的作用，对饮料、食物和水都具有活化的作用，能够使饮料、食物和水的味道更加鲜美可口。除此之外，含有远红外陶瓷粉的餐具还可以清除水里面的杂质，提高水的保健功能，还可以加速酒的发酵和成熟，清除酒的异味，提高酒的档次。

由此可见，一方面无铅无镉、低放射性的陶瓷原料，是厂家生产陶瓷餐具前必须选择的一个前提，避免消费者的生命和健康受到伤害；另一方面，远红外陶瓷粉在坯釉中的加入，对陶瓷餐具的高效杀菌作用，给消费者的生活带来了更优质的保证。结合这两点，陶瓷餐具原料的绿色化需求在消费者中形成一个明显的趋势，在陶瓷餐具设计前应该重点把握好，只有这样才能提升陶瓷餐具的优势。

3. 现代陶瓷餐具设计

（1）以实用为导向的陶瓷餐具设计

21 世纪快节奏、高效率的工作和生活，改变了人们传统的生活方式，从对高品质的物质生活的追求转向精神生活的追求，所以，人们对饮食也就有着除科学、营养之外更高的精神生活的追求，其中也包括对就餐必不可少的陶瓷餐具的使用需求。它首先体现在人们希望使用到工艺考究的、规格合理的真正实用的陶瓷餐具，其次是寻求陶瓷餐具具有更舒适、更科学的高要求品质。

①合理的规格设计

陶瓷餐具的规格是指每件陶瓷餐具的高低、大小、容量。陶瓷餐具在设计的时候就具有一定的规格标准，并且在不同的历史时期有着不同的体现。特别是在现代，真正实用的需求体现在陶瓷餐具的设计中，是指符合现代人使用方式的规格大小（图 2–45）。

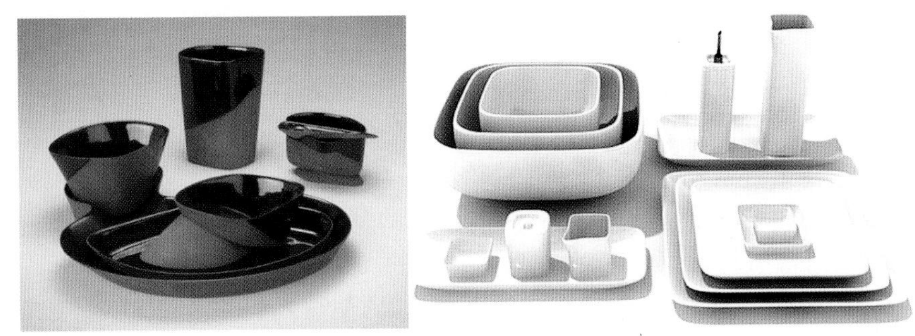

图 2–45

如陶瓷餐具中的“碗”，根据消费者南北差异的不同，表现出不同的使用规格需求。在南方，人们主要以米饭为主，市场以销售 350 ml 左右容量的碗为主，而许多人在盛米饭时都只盛装饭碗的一半，这足以证明消费者认为目前市场上所销售的饭碗过大，因此，设计师在设计时应将饭碗的容量减小，以 280 ～ 300 ml 为宜。在北方，人们主要以面食为主，市场以销售 500 ～ 560 ml 容量的饭碗为主，但有时候吃面条时需要盛装许多的汤汁，而目前北方市场上所销售的饭碗偏宽而浅，所以，设计师在设计时应以高而深为宜。

②舒适的功能设计

卢那察尔斯基说过："如果人没有创造的自由，没有艺术的享受，他的生活就会失去乐趣……人不仅要吃得饱，还要吃得好，这是重要的，更重要的是生活用品不仅要实用，合人民的口味，而且要使人感到愉悦。服装要使人愉悦，家具要使人愉悦，餐具应当使人愉悦。" 21 世纪的工业化生产使产品与人的关系变得越来越远，这已不能够满足这个多元化、多层面的时代需求。作为人们日常生活中接触最多的陶瓷餐具，应当要在人们使用它时感到愉悦，这样可以为每天的生活带来一份好心情，而要想在使用时心情愉悦，就必须对目前单一的餐具造型进行改良，在设计时应以消费者端拿更舒适、更实用为前提和保证，因而设计师就必须把目光更多地放在人机工程学的研究上（图 2–46）。

人机工程学是一门关于人和技术的协调关系的科学，它首先是一种理念，把使用产品的人作为产品设计的出发点，要求产品的造型、功能等都要围绕着人的生理、心理需求来设计。换言之，在产品的设计和制造方面完全按照人体的生理解剖功能和心理需求来量身定做，这样更加有益于人体的身心健康，同时人机工程学的运用能够体现设计师对人的体贴和爱护，使设计充满人性。设计师通过对人体数据的测量及肢体运动等特征的分析，使设计的产品

图 2-46

最大限度地满足人们的生理和心理需求。

例如陶瓷餐具中的碗是和手直接接触的，因此必须适合手的生理结构，以及饮食时它的大小和器壁怎样更好地配合嘴张开时的倾斜度。生理解剖学已揭示了东方人手掌长度在 16 ～ 20 cm，拇指与中指的距离是 20 cm 左右，手掌的宽度为 7 ～ 10 cm。人们拿碗的动作要求是，碗的高度不能超过拇指和其余几指所能钳住的尺寸。

当代我国经济的飞速发展，生活水平的巨大提高，使得人们的消费方式开始转变成“享受型”。目前市场上的饭碗还是根据以前计划经济时代人们以吃饱为前提而进行设计的，已经不适用于这个“享受型”的消费时代了。因此，设计师在对饭碗进行设计时，首先要依据人机工程学来考虑饭碗的口型、底型和筷子在饭碗里的运动曲线，人嘴接触饭碗的部位及感觉等等这些基本形态的确立和各部分相互关系的处理。将饭碗的底型设计成鱼尾形，不仅可以增加饭碗的稳定性，还可以使使用者在端拿的时候大拇指与食指的张力缩小，从而做到端拿更舒适的效果。再例如设计师在对菜碗（菜盘）进行设计时，从人机工程学的角度考虑，可将平盘的外边沿设计得再宽一点，从而降低菜与手的碰触几率，使用者在端菜时更加得心应手，有更好、更舒适的着力点（图 2-47）。设计师在对汤碗进行设计时，应将汤碗的把手依据人机工程学而设计成三个手指的宽度，并在把手内侧制作圆滑的凹槽，这样也可以端拿更舒适并且起到防滑的实际作用。

图 2-47

此外，在科学技术高度发展的现代社会，一切有关人类衣食住行的环境和各类产品的合理设计，都必须考虑具有不同生理需要的消费者，比如说残疾人、病人、老人、小孩，他们具有身体上的伤残缺陷和正常活动能力低下，设计出满足他们的生理和心理需求的产品才是对他们来说最实用、最人性化的，才能营造出一个充满爱与关怀，切实保障人类安全、舒适、便捷的现代生活环境。陶瓷餐具设计师也同样要考虑到这一要点，深入分析特殊消费群对陶瓷餐具舒适的使用需求。

③科学的配套设计

陶瓷餐具是一个涵盖所有餐具种类的总称，它包括了碗、盘、碟、烟灰缸、牙签盒、筷架等，而每一个类别又包括了多个种类，例如碗就包括了饭碗、菜碗、汤碗。

在一个如此广泛的陶瓷餐具种类中，如何将几种陶瓷餐具种类进行配套设计体现出该时代的特点。当今社会是一个以资本为目的的快节奏的社会，高楼大厦的耸立，使得以前那种走亲窜户，整个大家庭一起吃饭的机会少了，还有我国计划生育的提出，子女少了，一般都是三口之家，再加上受国外思想潮流的影响，单身男女以及不生儿育女的丁克族婚姻家庭也越来越多了，因此，目前市场上所流通的 48 头、56 头等八至十人用的数量较多的成套餐具，其实已经不适合当今社会消费者的生活状况了，它只适用于计划经济下人口多的大家庭使用。当前的设计师在设计陶瓷餐具的款式时应该将注意力集中在少数量的陶瓷餐具款式上，以合理、适用的餐具款式来迎合当今消费者的实用需求，如三个饭碗、三个菜盘、一个汤碗、三个小汤勺、一个大汤勺、一个水果盘的 12 头餐具就很适合三口之家使用。

由此可见，配套设计需要顺应不同时代的特点，体现了传统的基础形态消费模式向人性化的现代消费模式的一个转变，也体现了科学的配套为人们生活带来的真正实用的效果。

（2）以个性化需求为导向的陶瓷餐具设计

经济的迅速发展，生活质量的大幅度提高，使得人们对现代生活有了更高的追求，影响和促使着陶瓷餐具更换频率的加快，尤其以受过高等教育、有文化素质的中青年消费者表现较为明显，他们是我国目前陶瓷餐具市场的主要销售群体，把握他们的消费需求是我国陶瓷餐具设计的一个重要方向，而这类消费群体最大、最明显的表现在于追求与众不同的、个性化的设计风格。因此，设计师在进行陶瓷餐具的设计时不仅要考虑实用功能，还要根据目标消费群的需求进行风格、个性化造型与装饰的赋予，大胆地对实用功能进行创新，突破旧的观念，展示消费个性（图 2-48）。

图 2-48

①陶瓷餐具造型的个性化需求设计

陶瓷餐具造型指的是陶瓷餐具的外部形态，可以包括整体外形与形体动态两方面，从另一个角度可以包括局部造型与整体造型两个方面。局部造型是将整体造型分割后的造型，例如手、盖纽、底部、口沿等，整体造型指的是局部造型的组合造型，也包括外形动态在内。

a. 造型中个性细节的刻划

消费者对陶瓷餐具的个性化设计需要在造型上的细节刻划，指整体造型中局部形象需要个性化的设计，主要包括把手、盖纽、底部、口沿等方面在打破原有造型的基础上，体现出艺术性、趣味性的外形特征。

首先，陶瓷餐具造型中个性细节的刻划表现在艺术性的增强上，换言之，就是将传统的陶瓷餐具设计注入更多的手工意味，加入仿手工陶瓷艺术的表现力，赋予陶瓷餐具产品更多

图 2-49

的自然艺术化的效果（图 2-49）。

其次，陶瓷餐具造型中个性细节的刻划表现在趣味性的增加上。具有趣味性的产品是当今社会逐渐增多的一个趋势，陶瓷餐具的趣味性的增加主要针对的是年轻和儿童消费群体，这两个消费群体在整体消费比例中占有很大的比例。趣味性的陶瓷餐具是指赋予一般陶瓷餐具更多趣味化的元素，以达到消费者审美爱好与共鸣的效应（图 2-50）。

图 2-50

由此可见，在陶瓷餐具的造型细节的刻划上艺术性与趣味性是其中重要的两点。正是对陶瓷餐具的局部元素个性化的加入，便引起了整体造型外观的变化，这种设计也正是陶瓷餐具个性化需求的巧妙之处。

b. 整体造型的个性化

消费者的个性化需求除了体现在陶瓷餐具细节上，如把手、盖纽、底部、口沿等，在整体造型上为达到个性化需求也是非常重要的。往往整体造型能更好地体现出个性化设计，其在设计过程中可掌握的整体性是表现个性化设计的优势，也是能够满足消费者需求的表现重点。

陶瓷餐具整体造型的个性化可以理解为从整体的角度把握陶瓷餐具的艺术化、趣味化、象征化等（图 2-51）。

图 2-51

陶瓷餐具的整体造型艺术化表现最为常见，包括仿造各种人物、动物、植物、人造物、自然物等，或者是直接提炼出艺术表现形式（图 2-52）。

现代城市人们对传统日用陶瓷造型的

图 2-52

规范化需求的降低，反之加入更多手工性与自然性元素，也满足现代人们高要求生活的需求。例如法兰瓷的特点就是一反常规地运用了更多自然的元素，并使这些元素形象化、生动化，为陶瓷餐具的普通功能中注入了更多审美元素，这种审美愉悦感的提高正是迎合陶瓷造型个性化消费的需求。

陶瓷造型的整体个性化需求是大范围地迎合了消费者的眼光，只有在视觉上第一时间并快速地抓住消费者的眼睛才是好的设计。在以往的陶瓷餐具中注入整体造型的个性化表达不仅满足了现代消费者的需求，而且对个性化陶瓷餐具的设计与发展起着促进作用，在这样一种影响与促进的关系中达到一种良性循环，更好地以消费者的需求为导向做到个性化的陶瓷餐具设计。

②陶瓷餐具装饰的个性化需求设计

如果说造型是陶瓷餐具的骨架的话，装饰则可以比作是服饰，俗话说：三分长相七分打扮，言下之意是装饰外表是很重要且不容忽视的（图 2-53）。陶瓷餐具的装饰是影响整个餐具的美观和消费者的视觉效果的主要因素，它可以在餐具的坯体或瓷胎表面进行纹饰、色彩的处理，主要装饰手法有釉上彩、釉下彩、贴花等。也可以理解为，陶瓷造型对消费者的眼睛来说是一个大体，而装饰便是这大体中的细节与元素，只有把细节与元素抓好，才能衬托整体造型的完美与和谐，达到个性化鲜明的效果。

图 2-53

a. 装饰的内容渐趋独特

按照一般的装饰规律来讲，内容一般是一种装饰的手法，是陶瓷餐具的普遍性规律，但是现在人们对个性张扬的需求，用独特的内容来形成一种装饰，我想这也是一种个性化的选择。通常来说，陶瓷餐具的装饰会受使用方式的影响，以往的陶瓷餐具有些是没有装饰内容的，即使有，也往往是借助一些花、草、动物之类的装饰内容或者单纯地从一种单色的审美趋势装饰陶瓷餐具。随着现在人们对快节奏生活的一种理解，对压力的释放的需求，往往把一些另类的内容装饰到使用的陶瓷餐具上来，例如趣味化和艺术化都能很好地满足消费者的需求，其目的是为了营造轻松的环境，使消费者在吃饭休闲的时间里能够欣赏陶瓷餐具的装饰内容，达到愉悦的心理感受（图 2-54）。

图 2-54

b. 色彩的需求日趋丰富

陶瓷餐具的色彩是决定它能否吸引人、为人所喜爱的一个重要因素，虽然陶瓷餐具的色彩是依附于造型之上的，但是色彩比造型对人具有更直接的吸引力。

我国陶瓷餐具大多使用的是白釉装饰，在成套的陶瓷餐具中通常使用一种釉色，易于和谐统一。因此，人们对这种具有普遍一致性特点的陶瓷餐具的需求慢慢减少，更加需要多种颜色，或者变化丰富具有个性化特征的色彩来引起视觉享受。陶瓷装饰中的色彩主要包括单纯颜色釉的使用和陶瓷餐具平面装饰纹样的色彩表现（图 2-55）。

图 2-55

c. 肌理的追求逐渐强烈

肌理是表达人对物的表面纹理特征的感受，它是陶瓷餐具个性化装饰的主要表现手法。当陶瓷产品的肌理与质感相联系时，它一方面是作为陶瓷材料的表现形式而被人们所感受，另一方面体现在通过一定的工艺手法所创造的新的肌理形态。肌理的粗糙感是人们追求自然和谐的一种平衡，也是人们对光滑感陶瓷的一种抵抗或补充。肌理大体上可以分为自然肌理、修饰肌理、移植肌理和模拟肌理四类。自然力量造成的各种自然物质的表面肌理，称为自然肌理，如木、石、叶、毛皮、贝壳、玉石等等。而修饰肌理、移植肌理和模拟肌理是使用人工材料，经过特定的物理、化学加工工艺以及施加复合材料，用人工创造出来的肌理现象（图 2–56）。

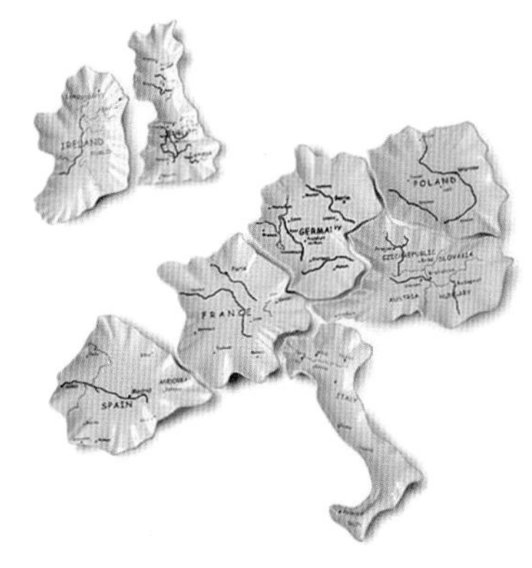

图 2–56

然而这里的装饰个性肌理指的不仅是在泥坯时就赋予的人为肌理，如仿石纹、树叶、线条等，还包括不同的陶瓷材质会产生不同的肌理效果。以这两种不同的个性肌理来充分满足消费者对陶瓷餐具追求自然美的视觉感受和触觉感受。进一步理解陶瓷材质的肌理是指由陶与瓷的自然属性所显示的纹理组织，如多种色彩及透明、乳浊、析晶、裂纹、窑变等视觉效果。各种肌理效果的产生都是由于坯釉料的矿物组成、化学组成、颗粒组成、着色剂等在烧制过程中所形成的。因此，材质上的肌理主要靠釉色来表现。

●视觉肌理

不同的材质或色彩会给人不同的视觉体验，就陶瓷釉色肌理装饰来说，无论是釉色的表现手法还是釉色色彩本身都十分丰富，有足够的资源和条件供设计师选择和试验，釉色的肌理设计是展现设计师特色设计的重要组成要素之一。不同的釉色给人不同的感觉：黑色色釉易给人以庄重、沉稳感；白色系颜色釉给人一种明亮、干净、高贵的感觉；黄色颜色釉易给人明亮活泼的感觉；奶黄色颜色釉给人一种奶油的香味感，有种含蓄的味道。因此陶瓷产品设计师在设计口用陶瓷产品时，釉色的考虑是十分重要的。

●造型肌理

口用陶瓷产品设计的肌理装饰可运用重复、渐变、发射、密集、对比、矛盾空间等平面构成手法，做一些立体效果和表面变化；也可以运用组织构成法做出高低起伏的半立体形态。如图 2–57 震撼的创意——经历“凤凰涅磐”后的花瓶，是由 Tjep 工作室创作的，他们将花瓶故意弄裂，然后对破碎的花瓶进行加工设计，刚好每一个破碎洞处都是发射点，从而产生完美发射肌理，这只特别的花瓶又获新生，可谓创意无限啊！他们的此类作品在拉丁美洲等地展出，很多当地艺术爱好者对这一设计表示赞赏。饱受地震灾难的拉丁美洲人对这件作品引起了共鸣，他们震后的口用陶瓷产品又可以再利用啦！作品破碎之后复合的肌理在设计师的设计下变得不单单是一道道裂痕，这个修补过的花瓶也不只是一件破碎的花瓶，可谓是一件艺术品了。

图 2–57

●釉色肌理

釉色肌理是指利用釉料和通过各种施釉的手段而产生的肌理。例如：釉料有乌金釉、冰裂纹、蟹爪纹、泪痕、油

滴釉、茶叶末、砒泪斑等；施釉的手段有通体施釉、层部施釉、喷釉、蘸釉和人为缩釉等多种色釉结合等方法。例如龙泉哥窑开片餐具所呈现的是蟹爪纹路。所谓的“开片”是发生在釉面上的一种自然开裂现象，开裂原本是瓷器烧制中的缺陷，后来人们掌握了开裂的规律，有意识地让它产生开片，从而产生了一种独特的肌理美感。当然，还可以在餐具的坯胎上采用线条和笔法描绘的方法给予局部上釉，表现出笔触的肌理效果，也可以运用阳刻、阴刻和划、堆、印等技艺制作肌理，再施色釉，烧成过程中又产生窑变，会出现精妙的肌理效果（图2–58）。另外，陶艺创作中的陶瓷缺陷肌理法也可以在餐具的坯体上加以运用，如利用瓷泥坯和釉面接触层的热膨胀系数的差异在烧成过程中形成的肌理，它可以表现出土地开裂、石板和树木的裂痕等等效果；在工艺过程中因施釉过急，或坯体上落有灰尘在施釉前没有吹干净，而在烧成后出现的缩釉的肌理，它可以表现出老树顽石和风化痕迹的效果；釉在烧成中因各种物质的化学反应而引起大大小小的气泡肌理，可以表现动物身上的斑点，如青蛙和豹子的皮肤等等。

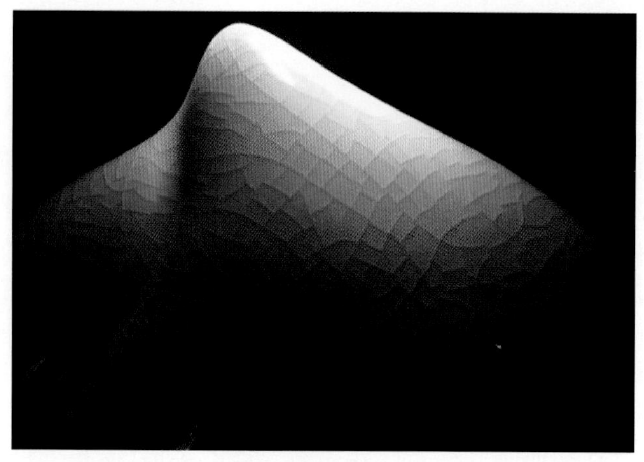

图 2–58　汝瓷开片

设计师要在餐具的外部釉面装饰上表现出各种美轮美奂的肌理效果来满足当今消费者新、奇的视觉感受，就必须充分重视和利用不同的釉料和施釉手段。

首先，不同的烧制方法。

除了我们日常所见到的烧制方法外，许多陶艺家在作品的创作中，还会采用柴烧、乐烧、盐烧等多种烧制方法。这些烧制方法是陶艺家对自然因素的追求和平衡的一种体现，可以给人们带来心理上的愉悦和亲切，用在优雅、别致的餐饮场所将会是一场泥与土的视觉盛宴。

柴烧法从远古走来，带着民间的豪放与质朴，在现代艺术精神的层面上焕发了新的生机，展现出无穷的魅力。例如被称为西方现代陶艺之父的彼得·沃克斯在他的作品粗重的陶盘和多层的堆叠雕塑中，可见高温时投柴扬起的灰烬而形成的“粗刺”肌理。柴烧陶艺色泽温暖、层次丰富、质地粗犷有力，与一般华丽光亮的釉面不同，不会重复且很难预期烧窑成果。

所谓乐烧就是将装满的窑烧到大约 1 000℃，然后用火钳将每一件红热的烧制品夹出，

放到湿稻草上，稻草当即燃烧。作品不断经历氧化、还原，使釉冷却成熟，表面肌理、色泽呈现出梦幻般的神奇。

盐烧是用食盐制成的透明釉，人们无意中发现食盐（氯化钠）也可取代铅，能较简便地烧成透明釉效果。其过程是：利用特制的盐烧窑，在作品烧至 1 200 ～ 1 300℃的高温时，向窑内投撒食盐，汽化的氯化钠与坯体中的二氧化硅结合，生成一层透明玻璃质釉，覆盖坯体表面，坯体开始呈现一种绚丽多姿的纹理，或光洁细腻，或粗糙拙朴，有时也会出现“桔皮”肌理，视觉效果很特别。食盐釉的色调是坯体本色，但也可用水调制氧化物施于生坯或素坯上，会产生类似于釉下彩的效果。

如果将以上三种陶艺创作中的艺术化的烧成方法运用到日用陶瓷餐具的烧制上，那变化丰富、多彩多姿的肌理效果定将能满足消费者猎奇的需求。

其次，人为的肌理制作手法。

其生成过程主要受控于制作者，由制作者在陶瓷餐具的制作过程中有意味地作用于餐具的表面而形成的纹理组织，如刻划、揉捏、拍击、挤压、模印、打磨、雕镂装饰等（图 2-59）。

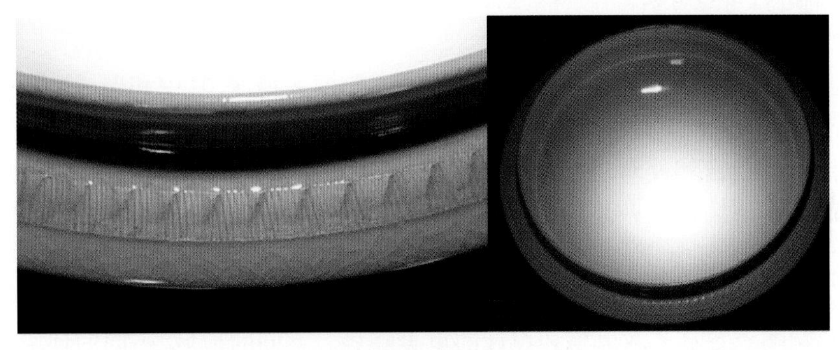

图 2-59

●触觉肌理

肌理还能够给人以丰富的触觉体感，在情感消费的当代，消费者更加注重自己的消费体验感、使用体验感……

触觉是人的皮肤与物体之间摩擦作用所产生的生理刺激信息。陶瓷材料的触觉可以产生光滑、柔软、光洁、湿润、凉爽、娇嫩的感觉，也可以产生粗糙、坚硬、干涩的感觉。触觉可以是以直接感受，也可以是以心理感受。人们在使用口用陶瓷产品时触觉感受与心理感受是交互进行的，当我们看见一个口用陶不同的制作方法也会对餐具产生不同的肌理效果。比如说不同的烧制方法、人为的肌理手法等。瓷产品首先是心理有感应，然后产生触摸的想法，因此，口用陶瓷产品触觉肌理效果带给人的感受是双方面的，既满足人们的审美要求，又满足人们对自然物质的亲近感。如英国凯撒瓷器公司的系列花器具，花器是该公司的典型产品，该公司坚持以形态、浮雕或肌理取胜的优势，很少见彩绘形式的花器。花器器型多为异形形式，浮雕或肌理效果做的特别精致，无论采用植物或抽象题材均与器物形态紧密配合，给人一种浮雕或肌理是器物原本就有的感觉，像植物的聚散，岩石的斑驳，水纹的浮动，都自然地形成了形体的表层结构，可以触动人们的心灵，产生想要触摸的冲动，它所反映出来的不只是高超的技巧，还有从业的执着，以及对美不一样的理解。

由此可见，在陶瓷餐具的设计中，巧妙地利用肌理效果，可以让消费者感受到每一件餐具都是与众不同的，个性化的餐具会让消费者更加愉悦、振奋。比如，当肌理纹样在陶瓷作品上呈匀称、均衡状态时可使人产生柔和舒适的情感；呈疏密差异或形成强烈对比的状态时可使人产生热烈、紧张的情绪。肌理的粗糙、凹凸立体形态在陶瓷餐具上能给人带来触觉上的某种舒适的感觉。同时，肌理效果的合理应用就如同为设计师开启了一扇全新的设计大门，挑战传统陶瓷餐具的制作工艺，在设计中更多地发掘视觉、触感等心理感受，从而创造出更多富有情趣、与众不同的陶瓷餐具。

（3）以风格为导向的陶瓷餐具设计

影响陶瓷餐具风格的因素有很多，传统文化、艺术审美、生活方式、价值观念、市场因素、消费心理、设计师的个人水平等等都会影响到陶瓷风格。谈到陶瓷餐具风格在现代家居环境中的运用，不得不区别对待。这里将陶瓷餐具风格从两个大的方向入手进行分析，一是从文化渊源的影响谈陶瓷餐具的风格，中式和日式的风格受文化的影响较为明显；二是从艺术审美的角度谈陶瓷餐具的风格，主要以西式风格为例。西式的风格很广泛，以新古典风格和简约风格为例进行重点分析。

①文化渊源对风格的影响

文化是一个国家、民族的灵魂。中国的传统文化博大精深，其中和谐、妙道、圆融之境界是中国传统文化中儒家、道家和佛家的最高境界。中国传统文化崇尚天然淳朴、宁静淡雅的审美情趣，设计提倡自然反对过多的雕凿和文饰。弘扬“美善相乐”的造物文化，追求功能与形式的和谐统一，儒道互补是中国传统文化思想发展的一条基本线索。儒家的思想核心是“仁”，强调遵守等级制度的“礼”，道家主张“天道自然无为”，强调自然天道。中国传统的文化对人们的生产、生活产生了深远的影响，直接影响着人们的生活方式以及人们的审美需求，这也影响陶瓷餐具艺术风格和设计的审美趋势。不同的地域、不同的环境造就了不同地区、不同国家的文化差异。不同的文化有着不同的精神表现和文化心理结构，反映了不同的价值和审美观念，它们在工业产品、建筑、服饰、环境建设等设计过程中起到不可忽视的作用，任何时代的设计都是与当时的文化紧密联系在一起的。正是由于不同的文化背景，造就了风格各异的陶瓷餐具（图 2-60）。

图 2-60

②艺术审美对风格的影响

纵观西方的陶瓷餐具设计,深受设计思潮以及艺术审美的影响。家居环境的装饰以及陶瓷餐具的装饰整体感与我国的完全不同,西方的更偏重于艺术化的处理。欧式风格深受艺术文化的影响,而欧式风格又不是某一特定的风格,常以新古典主义风格和简约主义风格来表达(图 2-61)。

图 2-61

③家居餐厅陶瓷餐具风格

a. 中式风格陶瓷餐具

中国传统元素运用在餐厅的设计上范例很多,餐桌椅的选材、陶瓷餐具风格、陈设的装饰风格等等都体现出浓浓的中国味道。这一传统中式家居,传统元素十分充足,整个餐厅的布局鲜明的突出了中式风格方正的内涵。室内陈设着字画、陶瓷花瓶、陶瓷餐具都体现着传统的中式风格。中式风格餐厅环境中桌子一般呈方形或者长方形,古代时体现用餐人之间的尊卑等级关系。人们将餐桌摆放在餐厅的中心位置,方正的造型显得与四周环境相融合,亦有取意“正中人和”的说法。

中式陶瓷餐具,多采用中国传统装饰元素,表现中式陶瓷餐具的特点。松、竹、梅、兰、菊等花卉植物所体现的理想人格和儒家所提倡的以“仁”为核心的精神准则是一致的,这些元素经常应用在陶瓷餐具以及陶瓷艺术品的创作中。青花在装饰上有着清丽脱俗、精谨明艳的特色,这种浓郁的民族风格带给人们的是清新明快或肃穆端庄之感。中国人自古主张“天人合一”,追求的是淡泊宁静、娴雅恬静的审美趣味,同时考虑和家具的关系,应与整个室内环境的装饰风格相协调一致。才能体现出家居的装饰风格(图 2-62)。

图 2-62

b. 新中式风格陶瓷餐具

新中式风格，是中国传统风格在当前时代背景下的演绎。“新中式”风格不是单纯的各种传统元素堆砌，本质上讲是通过对传统文化的深入理解和提炼，将现代元素与传统文化统一及天人合一的理念结合在一起，着眼于现代人的艺术追求来营造具有传统韵味的现代家居环境。新中式风格的软装只是局部地采用中式风格设计，整体上的设计比较简洁，演绎着现代背景下中式风格的特点。新中式风格在设计上继承了唐代、明清时期家居理念的精华，将传统经典元素提炼并加以丰富，使人在现代简洁的氛围中，感受到传统文化的缩影。

如图 2-63，新中式风格的陶瓷餐具显著的特点是在传承传统文化的基础上，融入了现代设计的观念，以及装饰上更符合现代人的审美特征，整体上呈现的是有传统文化的底蕴，但不失现代生活的影子。将这样风格的餐具融入到新中式的家居环境中，实现了风格上的协调统一。

图 2-63

c. 日式风格陶瓷餐具

在日式风格中，最大的特色就是回归自然。因此在造型、色彩、功能的设计方面基本采用天然材料，门窗宽大透光性好，家具一般比较低矮，室内多用活动拉门间隔。

日式陶瓷餐具有很浓厚的文化底蕴，传达出日本的文化。日式餐具大多用碗，一般来讲用做吃茶泡饭，有时做拉面时也用到它。因为日式餐具分类较细，造型简洁，色彩淳朴，装饰体现了深刻的哲学思想和东方文化。这种风格的陶瓷餐具与传统日式风格的餐厅环境融为一体，相得益彰（图 2-64）。

图 2-64

d. 新古典风格陶瓷餐具

新古典主义风格的陶瓷餐具多以装饰为主要特征，装饰奢华富贵，是身份和地位的象征。 这种风格的陶瓷餐具更适合摆放在与其风格相一致的家居环境中，局部呼应了整体，同时也提升了新古典主义风格的装饰格调。

Versace 是意大利非常有名的品牌，设计范围很广，同时 Versace 在家居设计领域同样取得了令人瞩目的成绩。其家居瓷器系列的设计灵感来自罂粟花及兰花盛开时的灿烂，色彩强烈的蔚蓝色配上娇艳的橘红色及灿烂耀眼的金黄色，好像把盛开的各种奇异花卉带到了温馨的家中，艳光四射。

e. 现代简约风格陶瓷餐具

简约风格是一种深受青年大众的喜爱。在简约主义风格的影响下，室内墙地面以及顶棚乃至家居陈设、灯具、陶瓷餐具等室内所需物品均以简洁的造型、纯洁的质地、精致的工艺为其基本的特征。尽可能不用或者少用装饰过多的物品，任何复杂的设计或者装饰过多的物品是与整个家居装饰风格不协调的（图 2-65）。

图 2-65

4. 现代陶瓷餐具的构成

目前市场上主要流通的是 48 头、56 头等 8 人或 10 人用的成套餐具，而我国现在每个家庭主要以两代人为家庭成员，即爸爸妈妈和孩子，因此，适合一家三至四口人使用的成套餐具成为当代消费者所需要的。

整套餐具包括了许多尺码差不多的碟子，通常有 5 个尺寸：一般为 15 cm（沙拉碟）、18 cm、21 cm（甜品碟）、23 cm 及 26 cm（晚餐碟）。

碟子虽然有不同的设计，但它们的形状大致都差不多，你可以找到圆形、椭圆形甚至八边形等形状的碟子。瓷器餐具的图案大致可以分为三类：传统、经典和现代。传统设计为人所熟知及喜爱，它的装饰效果跟墙上的装饰碟一样理想。经典设计的图案不易过时，因为其简洁风格恒久流行，而且不会跟室内布置或食物形成不协调的效果。现代设计则反映当代最新的潮流（图 2-66）。

图 2-66

（二）玻璃器皿

玻璃器皿餐具主要包括各式酒杯、醒酒器、冰桶、糖盅、奶罐、水果沙拉碗等。玻璃器皿可打造许多不同的形状和图案。购买时，选择最能陪衬家里瓷器和餐具的款式（图 2-67）。

图 2-67

（三）刀、叉、匙

一套一人份的基本刀、叉、匙大致包括：餐刀、叉，甜品刀、叉、匙，汤匙和茶匙，有时也会使用大汤匙。除此之外，还会有鱼刀、叉和咖啡匙（图 2-68）。

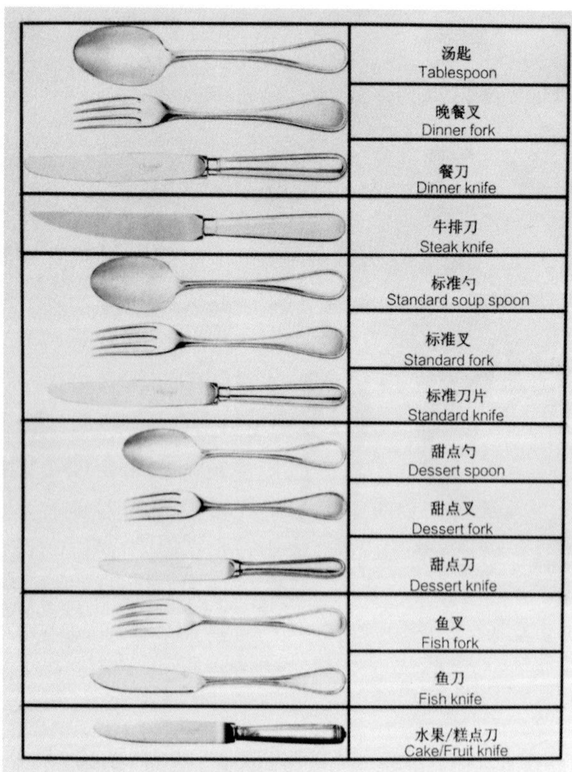

图 2-68

刀、叉、匙的材质主要分为不锈钢、镀银、镀金等。传统的设计以 18 到 19 世纪银匠的工艺为依据，多为优雅的造型和图案。现代的设计则平实、简单，形状富有现代感。刀、叉、匙的选择要配合餐厅的风格和瓷器的餐具。例如，精巧的乔治王朝风格的银碟，较难与田园风味的瓷器相配；咖啡馆的刀、叉，难以跟椭圆形的红木桌和传统的瓷器碗碟相配。

西餐餐具极富装饰作用，刀、叉、汤匙都是必不可少的。根据专业人士的介绍，西餐餐刀的分工细致，分为大刀、中刀、小刀，甚至还有专用的牛油刀。叉也要分为大叉和中叉，吃扒类食品一般用中叉，用得最多的也是中叉。汤匙是西餐中最讲究的餐具，有大匙、中匙、小匙、咖啡匙、茶匙、色拉匙等。西式餐具的材质主要为陶瓷、玻璃、不锈钢。

五、镜子

在家庭装饰中，镜子具有实用性和装饰性的双重效果，因此，运用镜子是室内装饰的常用手法之一。

房屋装修、装饰的时候，在合适的地方挂一面镜子，能获得不错的效果。无论是走廊或客厅、婴儿房或浴室，一面镜子除了能让房间更漂亮，还会使房间看起来更加开阔和宽敞。

（一）浴室镜子

在浴室放镜子是常见的。在某个框架内或直接在墙上安装一面大小合适的镜子可方便剃须和化妆。如果空间足够大，还可以尝试在水槽墙上镜子的对面安装一个带可调臂的大镜子，这样就可以轻易看到自己的身后。如果浴室非常小，可以考虑在浴缸上面挂一面带框架的镜子，让浴室显得更加宽敞（图 2-69）。

图 2-69

（二）卧室镜子

在卧室里安装一面大镜子是必须的！可以挂在大面积的墙上或卧室门上，或嵌在橱柜门上，整理衣服更为方便。要确保镜子前面的空间够大，以便能在充分反射的条件下照到全身，如太靠近镜面，视线就会受到影响。

（三）玄关镜子

在前门附近安装一面镜子是个不错的设想，如果镜子下方再有一个玄关桌就更好了，女主人可以在出门之前检查一下妆容。玄关桌便于进家门时放置钥匙或包等小物件。如果镜子旁能放置一盆鲜花，那效果就更好了（图 2-70）！

图 2–70

（四）壁炉上方的镜子

如果有壁炉的话，在上面放面镜子，可以增加温馨的气氛，因为它可以反射房间里的活动。还可以在壁炉侧边安装一面镜子，使房间感觉更开阔（图 2–71）。

图 2–71

（五）餐柜上的镜子

在餐厅的餐柜上放一面镜子，如果是招待客人，镜子将反射各色各样让人垂涎欲滴的菜肴，效果非常不错。

（六）较长门厅走廊里的镜子

一面关键性的镜子可以反射任何光线，所以在较暗、较窄的门厅或走廊里安装镜子，会让门厅或走廊更为开阔敞亮（图 2–72）。

图 2–72

第三章 软装家居饰品之修饰性家居饰品

一、壁饰

无论是设计师还是房主,要想在刚装修完的室内配上几幅既能与装修风格相映生辉,又能体现房主品位的壁饰作品并不是一件容易的事。

壁饰作为家居饰品并不是必需的,但若搭配不当,则会影响整个装饰设计风格和室内整体的协调性。现在的壁饰种类很多,在室内装饰中起到很重要的作用。壁饰没有好坏之分,只有适合与不适合。如壁饰中装饰画的选择,画的风格要根据装修和主体家具风格而定,同一环境中的画风最好一致,不要有大的冲突(图 3-1),否则就会让人感到杂乱和不适,比如将国画与现代抽象绘画同室而居,就会显得不伦不类。画的图案和样式代表了主人的私人视角,所以选什么并不重要,重要的是尽量和空间功能吻合,比如客厅最好选择大气的画,图案最好是唯美风景、静物和人物,抽象的现代派也不错。过于私人化和艺术化的作品并不适合这个空间,因为它是曝光率最高的场所,建议还是保守些为好。卧室等纯私密的空间就可以随意发挥了,但要注意不要选择风格太强烈的装饰画。

图 3-1

壁饰艺术的表现形式不受外形、颜色的束缚，呈现出不同的视觉形式美、材料美，因此有丰富的表现形式是现代壁饰艺术的独特魅力所在。因其表现形式丰富多样，具有很强的视觉冲击力。如果与环境能够更好地融合，在整个空间设计中也能起到事半功倍的作用。

（一）壁饰的种类

1. 按材料分类

壁饰设计的种类按材料的属性可以分为木雕刻壁饰、陶瓷壁饰、金属壁饰、纤维纺织壁饰、纸浮雕壁饰、复合材料壁饰等（图 3-2）。

木雕刻壁饰　　陶瓷壁饰　　金属壁饰

纤维纺织壁饰　　纸浮雕壁饰　　复合材料壁饰

图 3-2

报据壁饰制作的不同，选用不同的材料。例如色卡纸、棉麻布、树枝、沙子、纺织线、彩笔、木条、天然石子、无纺布、玻璃布、人工骨料、合成树脂、合成纸、假花等。

壁饰艺术有的质地柔软，色彩鲜艳；有的刚柔并济，理性冷峻。不同的质地和材料的壁饰艺术在室内环境的衬托下，虚实结合，起到了画龙点睛的作用。壁饰根据制作材料，可分为软装饰和硬装饰两种。软装饰主要是材料质感和装饰手法给人柔软、舒缓等类似情感的装饰，主要有多种纤维材质、棉麻布、棉毛、水晶珠串等等。硬装饰主要是材料质感和装饰手法给人硬钢、力感等类似感受的装饰，主要有金属、陶瓷、玻璃、砖石等。

2. 按设计风格分类

按设计的风格不同，壁饰可分为工艺型壁饰、自然型壁饰、功能型壁饰、装饰型壁饰、写实型壁饰和抽象型壁饰。在材质、色彩、肌理、外形的某些方面，不要出现不应有的距离感。

一般而言，对这种距离感的把握，应使壁饰在设计的整个关系中，产生出生硬、孤立的印象，而使壁饰与环境构成积极补充和相互衬托的关系，起到“画龙点睛”的作用。因此就需要为了迎合整体的气氛而有多种的设计风格。纯装饰性壁饰在整个室内壁饰中占相当的比重。它主要是美化、点缀室内环境。其画面的构图、造型、色彩、动势及透视均以条理化、图案化、理想化处理方法取得装饰效果。其特点是：注重形式感和色彩与室内格调的和谐，在表现手法和风格上更具醇厚的装饰趣味。有时甚至只是为了构图和造型的需要而设置。次之是更重视材料和工艺制作技巧的表现，在某些方面强调其与室内构件或其他技术的吻合。

3. 按类型分类

按类型大致可分为书法作品、绘画作品、摄影作品及装饰挂件。书法从构图上可以分为中堂、对联、条幅、扇面、斗方、竖轴等。绘画作品从内容上可分为中国字、画，西洋油画，摄影画，工艺画，水彩及新出现的一些新材料装饰画和壁纸等。装饰画的制作方法和材料比较新颖和广泛，如十字绣、苏绣、石子画、化石画、玻璃画、贝雕画等。摄影类型的壁饰大部分是风景建筑，也有人物，还可以用家庭成员的照片，可以制成黑白和彩色两种。装饰挂件涵盖的内容比较广泛，包括艺术挂径、钟表、挂盘、壁挂等。

（二）壁饰艺术的特点

1. 涵盖范围

首先，一切附着在墙面上的装饰物均可纳入壁饰的范围。不仅是墙面，一切建筑的表面都可以用壁饰来装饰。

壁饰设计与背景主体物相结合。它可以作为一个单独装饰的物体来设计，也可是墙面或空间主体物的一部分。因此，壁饰设计经常与文化历史相结合，研究的内容比较广泛和深入。如果要给一个建筑物或有着历史意义的空间做壁饰，就要对其建筑风格、建筑类型、建筑空间、建筑结构、壁饰的风格、尺寸、观赏距离、角度、照明采光、衔接质地及人文环境、文化信仰、历史等诸多方面进行全面的思考和研究。

2. 表现形式多样

从壁饰设计的表现形式和手法来看，壁饰的表现手法可以是平面描绘，也可以是立体的浮雕、圆雕，还可以是纤维材料编织拼接等，运用各种不同的表现手段和色彩整体的空间联系起来，和背景联系起来达到不同的装饰效果。再用雕刻、编织、锻造的形式使壁饰呈现出自己独有的装饰美和实用美。手工染艺壁饰、石板装饰壁饰也是近年来出现的新材料壁饰（图 3–3）。

图 3–3

3. 壁饰艺术的作用

壁饰在社会环境中存在和其他的物质一样，具有一定的使用价值，就是它的实用功能作用，同时它也属于精神消费的范畴，因此也具有艺术价值，也就是精神职能作用。

（1）实用功能作用

它的实用功能作用是指有些时候壁饰不单是装饰物，还具有使用价值，当它作为钟表、镜子、花架等物品存在的时候它就必须具备使用价值，同时壁饰还和整体空间具有协调关系，这都是它实用价值的体现。

（2）审美功能作用

它的审美功能作用是通过其自身的表现形式和风格所表达出的气质，展示出不同的文化和内涵。壁饰是把人们居住环境的物质世界和人们所要表达、抒发或是期盼的情感的精神世界相衔接的媒介手段。它通过不同的形式、色彩和材质，解决空间硬环境的装饰不足，同时赋予空间强大的艺术审美生命力，和人们有着心灵上的沟通从而给人美的享受。

4. 壁饰的选择和摆放原则

壁饰的尺寸要根据房间特征和主体家具的大小来定，比如客厅里壁饰的高度在 50 ～ 80 cm 为宜，长度则要根据墙面或主体家具的长度而定，一般不宜小于主体家具的 2/3，如沙发长 2 m，壁饰装饰画的整体长度应在 1.4 m 左右；比较小的厨房、卫生间等，可以选择高度 30 cm 左右的小装饰画。如果墙面空间足够，又想突出艺术效果，最好选择大幅画，这样效果会更突出。

风格的协调：先要从家居环境的风格上选择相适应的壁饰作品，风格上可以混搭，但不能乱搭。确定好风格摆放的壁饰品能达到事半功倍的效果。首先需要找出大致的风格与色调，颜色的倾向、色彩饱和度的高低与壁饰的选择都有直接的关系。例如，在简约的家居风格设计中，可以选择形式简洁色彩明亮的壁饰品，如果是欧式的环境就应选择线条丰富，欧式元素强的壁饰作品。

视觉的协调：视觉的对称与平衡是壁饰品摆放的主要部分，如果要摆放成组的壁饰时，特别是旁边有大型的家具时，排列的顺序应该由高到低陈列，从而避免头重脚轻的视觉不平衡感。在一面空墙上悬挂壁饰时，应从壁饰下面的主体物着手，而不是整个墙面，这样就能保持视觉的平衡感。根据平面构成中的点、线、面构成原则，如果空间中的“面”较多，那么应选择圆形或是小型的壁饰，来增大空间感。

根据空间主题摆放壁饰：壁饰的选择要根据使用环境的功能来摆放，以画为例，客厅应摆放风景内容的装饰画，因为此类型的画会形成视觉延伸，有增大空间的感觉。餐厅可以选择颜色鲜艳的花卉，在调节空间气氛的同时也能增进食欲。书房的壁饰可以选择清新淡雅、有一定文化内涵的壁饰，造型不宜夸张。卧室壁饰的选择比较有讲究，床头不宜悬挂较大的壁饰，这也是从安全角度出发。另外应选择寓意祥和、做工精致的壁饰，最好是有纪念意义。

（三）装饰画

壁饰中最主要的就是装饰画了，在软装后期，常用装饰画来修饰墙面，营造既定的装饰风格与氛围。

装饰画按照种类大致可分为：中国字、画，西洋油画，摄影画，工艺画，壁纸等。

图 3-4

1. 中国字、画

中国字、画的形式多样，有横、直、方、圆和扁形，也有大小长短之分，可写在纸、绢、帛、扇、陶瓷、碗碟、镜屏等物之上。字、画在内容和艺术创作上反映了中华民族的民族意识和审美情趣，强调“外师造化，中得心源”，融化物我，创制意境，要求“意存笔先，画尽意在”，达到以形写神、形神兼备、气韵生动之效。由于书、画同源，两者在抒情达意上都强调骨法用笔，因此绘画同书法、篆刻相互影响，相互促进。近现代的中国画在继承传统和吸收外来技法上，有新的突破和发展。中国字、画具有清雅古逸、端庄含蓄的特点，在中式风格的室内装修设计中摆放恰到好处，体现了庄重和优雅的双重品质。适合的配画题材有人物画、花鸟静物画、风景画等（图 3-4）。

2. 西洋油画

区别于中国传统绘画体系的西方绘画，注重写实，以透视和明暗方法表现物象的体积、质感和空间感，并要求表现物体在光源照射下呈现一定的色彩效果。西洋画题材大多以人、物为主。欧式古典风格的室内装饰空间，色彩凝重、装饰华丽，适合配以西洋油画装饰墙面。西洋油画一般配以精致、华丽的画框（图 3-5）。

3. 摄影画

摄影画是近代出现的一种装饰画风格。画面有“具象”和“抽象”两种形式，搭配的相框造型一般较为简洁。主人可以将自己或家人的照片制作成摄影画，也可使用喜欢的摄影图片。如图 3-6 所示，在浴缸里惬意地泡着热水澡，看着墙面上一组组的照片，回味着生活

图 3-5

图 3-6

的点滴。摄影画的应用较为普遍，可根据画面内容的不同而摆放在风格迥异的室内空间中。画框可华丽，可简单，也可不用画框或制作成一组。

4. 工艺画

工艺画是用各种材料，通过拼贴、镶嵌、彩绘等工艺制成的图画，是相对独立的工艺品。工艺画在室内软装中使用频繁，可根据不同的室内装饰风格选择不同的工艺画进行装饰（图 3-7）。

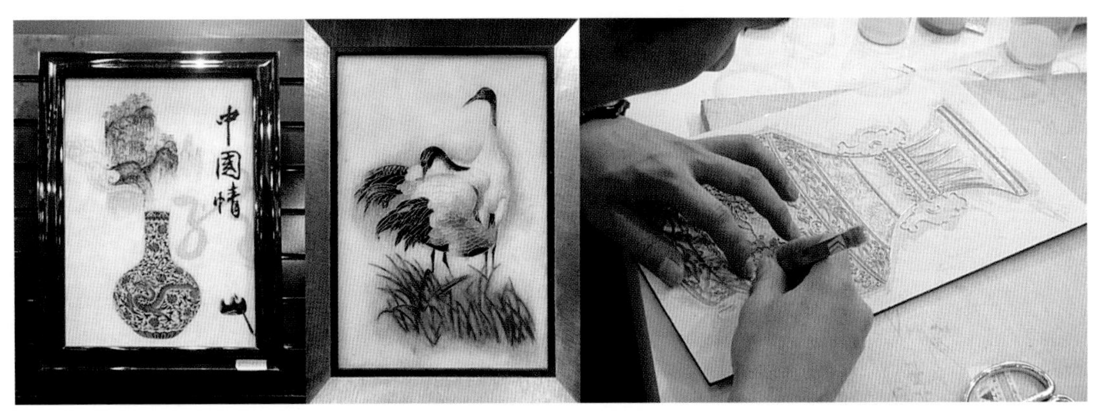

图 3-7

（四）壁纸

壁纸是壁饰里另一个尤为重要的成员，也是软装里打造整体效果与设计风格体现的非常重要的一部分。

壁纸又称墙纸，是一种用于装饰墙壁的特殊加工纸张，它就像是家居墙面的礼服，让整个家都充满生动活泼的表情，尤其是个性化和高品质的装修，新型壁纸在质感、装饰效果和实用性上，都有着内墙涂料难以达到的效果。据国外的专家预测，在今后的 20 ～ 50 年内，壁纸仍将是室内装饰的主要材料。装饰壁纸时，颜色应与家具、饰品协调统一，图案自然清新。现代的壁纸早已不再是锦上添花的陪衬，而是风格的象征，甚至可以奠定空间的整体基调。不同材质、图案的壁纸，适用的空间和配饰都不尽相同，如何恰到好处地营造氛围，需要对它做一些深度解读。

壁纸具有时尚、设计独特、形象逼真、工艺精湛、提升装修档次等诸多优点。它能快捷地改变墙面风格与气氛，使环境变得生动丰富。

1. 壁纸的特点

（1）装饰效果强

壁纸的花色、图案种类繁多，选择余地大，装饰后效果经常绚丽多彩。

（2）使用安全

壁纸无毒、无污染，具有吸声、防霉、防菌、阻燃、防火等功能，可使用 5 ～ 8 年。

（3）应用范围较广

壁纸体现个性、时尚装饰，与窗帘一起构成家居整体软装的重要部分，易于提升居室品位和档次。

壁纸根据风格不同可划分为田园风格壁纸、现代风格壁纸、中式风格壁纸、韩式风格壁纸、日式风格壁纸、欧美风格壁纸等。

2. 壁纸颜色的挑选与搭配

（1）客厅

在客厅使用花朵图案的壁纸，其实是颇为大胆的尝试，为了不致减弱客厅原本具有的大气、稳重感觉，壁纸的底色应以中性偏冷色为宜，这样才不会因过于柔美而显得轻飘。

（2）卧室、书房

卧室和书房属于相对私人的区域，面积一般不会太大，这里的基调全凭个人喜好而定。如果是安静、内敛的性情，典雅的壁纸无疑是明智选择，在淡雅、舒缓的环境里，也利于放松身心。为了避免图案带来的凌乱感，也可以采用局部拼贴的方式。

（3）浴室

一间舒适的浴室，对我们具有长久吸引的魔力。魔力的根源除选用优质沐浴用品之外，氛围的渲染同样重要。瓷砖、马赛克固然色泽光鲜，但如果把原本只在客厅使用的壁纸移花接木过来，冰冷的空间立刻就会充满温情，富有层次的变化，有益平复快节奏生活下焦躁的情绪。

卫浴里即使有壁纸作为整体烘托，瓷砖或马赛克依然是不可或缺的材料。为了避免小空间里的视觉干扰，壁纸与瓷砖的颜色应统一在相近色系里，或者二者有相同的色块呼应，使差别较大的材料能够自然地衔接。

用浴缸上方的罗马帘与壁纸呼应，也是讨巧的做法。普通的白色浴室在花朵映衬下，似乎有灵性在水流下暗涌。防水壁纸的表层附有压膜，一般的水渍都不会留下印记，但是防水性能再好，也要做好卫浴里干、湿区的分离设计。用瓷砖或马赛克单独辟出盥洗、淋浴区域，安放坐便器和储物的空间周围则可使用壁纸装饰。

（4）厨房

面积较大的厨房可以空出一边墙面完全用壁纸装饰，烹饪时的辛劳，就在这样的“奢侈”里得到释放。无论碎花还是水果等图案，都能与这一空间很好地应和，壁纸由内而外散发出的自然气息，令厨房里忙碌的操作轻松不少。不过，现代简约的不锈钢橱柜显然与之格格不入，我们推荐木制欧式橱柜，最好还有做旧的纹理，才能平衡整个空间的基调。

厨房里应选择防水性、透气性好的壁纸，纸面、胶面比布面或天然材质的壁纸更为耐用。

3. 现代壁纸的主要风格

（1）田园风格壁纸

重在对自然的表现，室内环境中力求表现悠闲、舒畅、自然的田园生活情趣。主要以浅米色碎花图案为主（图 3–8）。

（2）现代风格壁纸

最大特点是简洁、明了，摒弃了许多不必要的附加装饰，以平面构成、色彩构成、立体构成为基础进行设计。色彩经常以棕色系列（浅茶色、棕色、象牙色）或灰色系列（白色、灰色、黑色）等中间色为基调色，其中白色最能表现现代风格的简单。善于使用非常强烈的对比色彩效果，创造出特立独行的个人风格（图 3–9）。

图 3-8

图 3-9

（3）中式风格壁纸

融合了庄重与优雅的双重气质，将传统图案通过重新设计组合后以民族特色的标志符号出现，风格内蕴，颜色古朴。通过中式风格的特征，充分体现出中国传统美学精神。图案主要为中国传统图案，例如祥云、书法字体等（图 3–10）。

图 3-10

（4）韩式风格壁纸

代表了唯美、自然的格调和生活方式。多用含蓄淡雅的色调，偏爱带有现代感的、花朵图案的淡雅壁纸，它与线条柔美的白色家具很和谐。壁纸要有浅浅的底色，这样容易与整体环境统一融合（图 3–11）。

图 3-11

（5）日式风格壁纸

样式沉静，总能让人静静地思考，禅意无穷。与大自然融为一体，为室内带来无限生机，选材上也特别注重自然质感，与大自然亲切交流，其乐融融（图 3-12）。

图 3-12

（6）欧美风格壁纸

图案强调线形流动的变化，色彩华丽。通过完美的曲线、精益求精的细节处理，给人带来无尽的舒适触感。可以选择一些较有特色的墙纸来装饰房间，比如画有圣经故事以及人物等内容的墙纸就是很典型的欧式风格（图 3-13）。

图 3-13

二、工艺品

17 世纪诗人张潮有一段话:“花不可以无蝶,山不可以无泉,石不可以无苔,水不可以无藻,乔木不可以无藤萝,人不可以无癖。”这简直就是在直呼:包装不可无装饰,服装不可无装饰,家居环境不可无装饰,生活不可无装饰,任何一种设计都不可以无装饰。装饰的精神永存。

装饰工艺品用其独特的艺术形式,烘托环境气氛、强化室内空间特点、增添审美情趣、实现室内环境中整体的和谐与统一。在现代室内装饰设计中,装饰工艺品愈来愈受到人们的重视,作为重要的表现手法之一,逐渐成为室内装饰中极具潜力的重要发展方向。

工艺品的神色突显个性、展现风格,使我们生活的环境更富韧性魅力。在随意摆放中,在有序无序间,或内敛,或释放,轻而无声地滑入主题空间,获取和追求某种内在的均衡和节奏,不经意间流露出一种生活态度,一种生活与心灵的契合。

工艺品按照材质不同可分为陈设陶瓷、室内陈设玻璃工艺品、水晶工艺品、金属工艺、木器、编织工艺、雕刻工艺、骨石玉器等。

(一)陈设陶瓷

不少人认为陶瓷是中国人的发明,而金属铸造则是埃及人的独创。其实,人类掌握了火的使用“技术”之后,任何一种主流文明形式(无论埃及、两河、印度,还是中国),或早或晚,或快或慢,都必然经由石器——陶器——金属器这三个阶段的两次飞跃。在这种由火引发的营造技术与人文意识的文明突变,从一开始就伴随着器型装饰艺术的所有构成要素的衍生。圆的丰满,方的大度,点的细致,线的流畅,一切无情节的抽象视觉美感,却承载着人性中最本质、最直接、最纯粹的美好感知。这种纯洁的装饰美的表述,是能超越时空的制约的,能够获得全人类心智健全的成员最大程度的认同,而不论他(她)来自中国,还是外国,来自古代,还是现代。

陶瓷是陶器和瓷器的总称,而炻(炻器)是介于陶器和瓷器之间的一种陶瓷制品。陶瓷从造型到装饰,包括釉的产生和广为运用,都表现了人的超出实用价值,追求艺术之美的动机和努力。“陶瓷制品的使用范围更为宽广,陶瓷器类增多。茶具、餐具、酒具、文具、玩具、乐

器以及使用的瓶罐和各类陈设装饰器类，几乎无所不备”。于是，我们可以清晰地认识到陈设陶瓷与居住空间从出现到不断发展这个过程都是密不可分的。

陈设陶瓷，“是专供陈列观赏用的陶瓷艺术制品，包括瓶、尊、屏、瓷板画、薄胎碗、雕塑制品等”。陈设陶瓷是室内陈设品中的范畴，因其独特的装饰性受到大众的喜爱。陈设陶瓷在居住空间中的应用范围也相当的多，例如在玄关、客厅、书房、厨房、餐厅、酒店客房、宿舍、集体公寓、办公室等空间，陈设陶瓷会根据居住空间的功能需求、总体风格和设计要求，搭配家居、织物、绿化植物等一起去营造一种温馨、舒适的居住空间环境（图 3-14）。

图 3-14

以现代陶艺为代表的陈设陶瓷，在全球范围内刮起了“陶艺风”。不同陈设陶瓷作品的形态、装饰的确立，主要取决于它在某一特定家居空间里是否强化了装饰风格特色和艺术境界。陈设陶瓷进入现代居住空间并不是现代社会发展的偶然现象。

第一，陈设陶瓷材质的天然优越性。陶瓷主要原料是取之于自然界的硅酸盐矿物，经高温烧成。它几乎可以抵御任何侵蚀（除了易碎），具有其他材料不可替代的作用，既能美化环境，还能陶冶性情，丰富人们物质和精神生活。

第二，陈设陶瓷具有与人类自然情感的默契。现代陶艺既古老又时尚，造型优美、材质来源自然，很容易将现代生活中对美的感悟和体味融入其中，给人以回归自然、返朴归真的感觉。

第三，陈设陶瓷的艺术表现自由、不拘泥。现代陶艺抛开“器”的概念，运用多种成型方法和烧成工艺，而且因其创作表现没有固定模式和套路，这对创作者既是吸引又是挑战。

第四，陈设陶瓷满足了现代人的审美追求。现代陶艺尊重个性和独立，追求自由和创意，符合现代人的审美趣味，受到越来越多人的青睐。

现代陶艺的发展和崛起，摆脱了陶瓷只能作为居住空间内部的功能性或者简单装饰性的陈设物。它借助艺术家的手和陶土，锲入了人文的思想与生活态度，所以它更具有人情味，更能在情感上得到人们的认同。

现代陶艺因其接近自然、亲近泥土，在现今已成为一种奢求，而它作为陈设陶瓷出现在现代居住空间中，无疑成全了人们精神世界诉求。作为物质与精神融合的产物，陈设陶瓷丰富的表现形式也迎合了人们追求特立独行和多样化的设计风格。陈设陶瓷以极为自然的艺术表现形式，承载着一定的文化，慢慢融入居住空间环境，点缀、装饰着居住空间，促成居住空间的自然化、艺术化和多元化。称其为“生活艺术化”和“艺术生活化”的代表一点都不为过。这既是现代人的追求，在某种程度来讲，它又是时代发展的必然结果。

1. 陈设陶瓷在现代居住空间中的审美要求

陈设陶瓷在居住空间中进行布置的时候应从实际居住状况出发，灵活安排，实用美观、完整统一，适当美化与点缀。其在居住空间中运用应注意以下几点原则。

第一，风格协调统一。

风格就是常说的室内造型元素的形态、色彩特征、材料品质、装饰格调与主题意境的总括，体现了作品创作中的艺术特色和个性。这种风格的形成，常常和地域、人文因素及其他自然条件有重要联系，它是不同历史时期文化、地域和民族特色等要素通过人的再创造和利用进行表达的，逐步发展形成具有一定代表性的设计艺术形式。所以，从审美这点来讲，统一的艺术风格是极具文化内涵和丰富表现力的艺术表现形式。苏珊·朗格说：“艺术形式与我们的感觉、理智和情感生活所具有的动态形式是同构的形式，正如亨利·詹姆斯所说“艺术品就是‘情感生活’在空间、时间或诗中的投影，因此，艺术品也就是情感的形式或是能够将内在情感系统地呈现出来以供我们认识的形式。”

在居住空间陈设布置中必须根据功能要求，布局完整统一，这是陈设设计的总目标。这种布局体现出协调一致的基调，融汇了居住空间的客观条件和个人的主观因素（性格、爱好、志趣、职业、习性等），围绕这一原则，会自然而合理化地对室内装饰、器物陈设、色调搭配、装饰手法等做出选择。尽管居住空间布置因人而异，千变万化，但每个居室的布局基调必须相一致，求得整体的合理性与适用性。同时我们还应该认识到，随着居住环境的不断改善以及人们审美意识的增强，人们对所谓“流行”和“时尚”的片面追求以及对“美”的虚荣心理，在一定程度上破坏了艺术风格的文化内涵和艺术感染力。

陈设陶瓷如何确定统一的风格，主要取决于居住空间装饰的风格（图 3–15）。在风格明显的居住空间中，需要选择与之相适的陶瓷作品。陈设陶瓷要想获得好的发展，就必须对居住空间涉及的内容进行仔细的研究，并结合居住空间进行整体创作设计。陈设陶瓷格调的选择应遵从居室硬装设计的主题风格。与室内居住空间环境统一，也应与其相邻的家具和其他陈设相协调。陈设陶瓷营造家居整体艺术风格的因素是多方面的，“不同陈设陶瓷作品的形态、装饰的确立，主要取决于它在某一特定家居空间里是否强化了环境的风格特色和艺术境界。如欧洲古典风格中放入中国传统陶瓷就会格格不入。或者，在一个中国传统风格的居住空间中摆放一个不锈钢的抽象陶艺作品，同样也是审美意识上的冲突。陈设品在现代居住空间的布置要遵循一定的法则，如对比与调和、均衡

图 3–15

与对称、节奏与韵律等,既要突出个性,又要强调整体统一。

第二,体量尺度合理。

在居住空间中,不能因为某一个陶瓷作品好看而随便将其置于空间环境中,他本身的体量和室内空间的大小,都是影响选择陈设陶瓷的重要因素。陈设陶瓷被用来装饰居住空间,除了要与空间的装饰风格保持一致外,还要从整体空间的尺度来考虑,把握好陈设陶瓷的体量和空间感。陈设陶瓷的尺寸应该与居住空间及家具等陈设物品形成良好的比例关系。有时候为了追求某种设计意图或者视觉上的效果,不是大空间就要用到大体量的陈设品,也不是小的空间非得布置小体量的陈设品。例如,在大空间中,精心选择一些小体量的精致陈设品,不仅可以使空间得到拓展,而且还会让居住空间给人更加亲切的感觉。而在客厅中,太小的陈设陶瓷很容易被忽略,没有明显的视觉效果。

图 3-16

与此同时,陈设陶瓷的数量也不是越多越好或者越少越好,我们不能将一堆陶瓷的陈设品陈列在一个空间或者相连的空间,繁复地利用某种或者某类型的陶瓷陈设品只会让空间环境显得单一和乏味。在居住空间中,陈设陶瓷的数量和空间的功能属性是有重要联系的,适当地运用陶瓷作品进行陈设,或者适当地留白都是相当重要的手段。例如,在居住空间中的休息区域,增加一些具有观赏性的陶瓷陈设品的数量,让处于休闲中的人有时间和精力去欣赏精致的工艺品,这样的效果会事半功倍。陈设陶瓷还要与各个界面在造型、色彩上进行协调,也要注意体量的匹配适应,根据空间的构图形式、美感的需要酌情调整陶瓷陈设品的布置和数量。总之,陈设要着眼整体布局,也要重视空间的细节(图 3-16)。

第三,光色搭配和谐。

人眼首先能感受到的就是色彩。可想而知,色彩对居住空间的重要性是不言而喻的。色彩是一种能引起视觉美感的空间造型语言,利用色彩可以产生舒适和愉快的心理感受,不一样的色彩带给人极强的视觉冲击,不同的色彩或者色彩组合会给人带来不同的感受。红的炽热、灰的质朴、白的纯净、黑的厚重等。阿恩海姆说:“当装饰艺术品被用来布置起居室时,它所选取的题材和样式就必须能体现和谐、安静、富足和完美。当它用来装饰舞厅时,就要选择那些色彩强烈和运动感与夸张性较强的形状,因为只有这样的色彩和形状才能与爵士音乐、酒精及节奏感很强的舞蹈等产生的刺激效果协调起来。

明显反映居住空间陈设基调的是色调。对室内陈设的一切器物的色彩都要在色彩协调统一的原则下进行选择。器物色彩与室内装饰色彩应协调一致。色调的统一是主要的,对比变化是次要的。色彩美是在统一中求变化,又在变化中求统一的和谐。居住空间布置的总体效果与所陈设器物和布置手法密切相关,也与器物的造型、特点、尺寸和色彩有关。在现有条件下具有一定装饰性的朴素大方的总体效果是可以达到的。在总体之中尚可点缀一些小装饰品,以增强艺术效果。

陈设陶瓷的选择和布置,要综合考虑到造型形态、空间体量,还有它自身的色彩带给人生理和心理上不一样的感受。如居住环境的空间中色调比较单一,陈设陶瓷可以考虑选择色彩与空间界面颜色有对比的色彩；如居住空间中的色彩杂乱无章，可以考虑选择与室内空间中面积较大的色彩能构成协调色的大体量陈设陶瓷；如居住空间整体是比较灰暗的色调，可以选择高明度色彩的大体量陶瓷陈设品或者是高纯度色彩的小体量陶瓷陈设品；如青花瓷不能与浅色系的家具搭配。同时陈设陶瓷的色彩与居住空间的色彩既对比又统一，要不然陶瓷作品很难从空间环境中脱颖而出，如居住空间中的主体色彩比较统一，那么在选择陶瓷陈设品时可以选择与之有对比或更加突出的同色调来呈现。

图 3-17

自然光和人造光是居住空间布局中需要注重的重要因素。光的来源、光线强弱和颜色，对陈设陶瓷在居住空间中的表现以及营造居住空间气氛有相当重要的影响。合理用光，利用不同的照明形式，可以突出重点或者不一样的光影美学效果，不仅能渲染居住空间的气氛，而且能突出陈设品的表现力，使其更富有感染力（图 3-17）。

2. 陈设陶瓷在现代居住空间中的陈设方式

居室陶瓷元素的选择和布置不仅能体现一个人的兴趣爱好及品位、修养，还是人们发挥创造力和想像力来表现自我的手段之一。例如在书架中放入一些仿古的瓷器，会显示出主人温文尔雅的性格以及爱好收藏的兴趣爱好；而在卧室选择景德镇的青花陶瓷落地灯，则会给人清秀、大气之感，同时体现出主人注重宁静、和谐的心理需求。中国是多民族国家，不同民族的爱好、审美思想与习惯等均有所差异。而摆放什么风格的陶瓷元素能大致反映出主人的民族倾向，这在设计中是需要特别注意的。

在居住空间中，陈设陶瓷主要分为功能性陈设和装饰性陈设两种。例如，有特殊装饰图案或肌理的瓷砖、茶具、餐具、酒具等主要满足人们的日常生活需要，而陶瓷艺术品、摆件、陶瓷创意雕塑品等主要作为陈设品来对空间进行装饰和点缀。居住空间中的陈设方式是陈设陶瓷借助的展示形式，陈设陶瓷多依附于墙、地、柜、台、橱、桌、架等界面，但也会采用悬挂的形式出现。不一样的陈设方式的选择，会影响人们对于陶瓷作品的不一样的审美体验，选择合适的陈设方式，能够取得理想的装饰效果。

（1）室内墙面陈设

在居住空间中，墙体的作用不仅仅是分隔功能空间，在空间装饰中也是重点。选择墙面陈设，陈设陶瓷一般以瓷盘、瓷板在墙面上的装饰为主，一种是以刻画的陶盘、压印的艺术陶板、手绘釉上彩或釉中彩的瓷板画为主要的装饰手法，将不同大小的瓷盘按照一定的疏密关系摆放在墙面上，使墙面在视觉上产生层次感，给人动感的视觉享受。若墙面以暖色调为主，瓷盘则以偏冷色调来调和，这种对比和反差更能突出主人的生活情调和品味。另一种是在墙面上进行镶嵌，如用陶瓷为材料做成浅浮雕，或者用陶砖为元素在墙面做成壁画等（如图 3-18）。比如陶瓷的壁画、瓷板画、陶瓷壁饰、陶瓷灯具等等。例如，有丰富的色彩变化和层次感的陶瓷锦砖，有着多样图案和规格形式的陶瓷砖，还有半浮雕形式的瓷板画等。需要

注意的是，墙面陈设陶瓷的风格、规格大小、主题、颜色是否与整个居住空间协调，而且还要与空间内的其他陈设品搭配协调，相互呼应、彼此衬托，在整体统一中寻求不同的构图形式，创造需要的视觉效果。

图 3-18　带有青花纹样的陶瓷浅浮雕壁画

另外，在考虑陈设陶瓷自身的艺术格调时，还要考虑布置的高度，既要满足构图需要，又要适宜观赏，更要考虑其也是空间环境中的成员之一，墙面上陶瓷陈设常与家具等其他陈设品发生上下对应关系，可以是工整的，也可以是较为自由活泼的形式，可采取直线或水平伸展的构图，组成完整的视觉效果。

（2）室内地面陈设

地面陈设是现代居住空间中最重要的陈设方式之一。它主要有两方面，一是指地面装饰材料，二是指地面上的陶瓷陈设品。例如：有特殊装饰图案或肌理的瓷砖，有良好装饰效果或造型的装饰陶瓷器物等。体量比较大的陶瓷陈设品一般都会采用地面陈设的方式，比如比较大的陶瓷花瓶、陶瓷雕塑或其他大型的陶瓷创意产品。这一类的陈设陶瓷一般会置于大厅、客厅等较大的空间中，成为一个视觉焦点，或者根据空间布局或装饰的需要置于墙边、角隅、走廊或门厅的尽头，这样也会取得良好的视觉效果，彰显艺术品位。由于陶瓷属于易碎的陈设物品，所以在摆设的时候要注意室内空间的动向，不要妨碍人们的正常活动，尤其是有小孩或老人出现的地方要考虑安全布置，这样既满足其功能性又可以取得良好的观赏效果。地面陈设的视觉效果突出，容易引起人们的注意，所以陈设陶瓷在应用于地面陈设时，要考虑其造型、颜色是否与居住空间的风格和环境相协调（图 3-19）。

图 3-19

（3）室内柜架陈列

柜架陈列是一种比较常见的展示方式，还兼有收藏作用。可以单独陈列也可以组合陈列。这种形式往往受到陶瓷收藏爱好者的追捧，它能储藏比较多的陶瓷古董、陶瓷工艺品和现代的陶艺作品等。陈设陶瓷可以是造型独特的单一个体，也可以是成套的作品。那么在用柜架陈列时可以根据陈设的组合自由安排。

由于大部分的柜架是框架结构，根据陈设陶瓷的大小和数量需要合理地分层分格，还要认真考虑橱柜和陈设品之间在大小、造型、色彩、质地等方面的差异；如果陈设或收藏的陶瓷作品比较多，最好将相同或相似的作品组成有规律的主体部分或一两个比较突出的部分，也可以选择搭配其他的器物加以陈列，还需要综合考虑橱架的材料、质地、造型和色彩等方面，互相协调达到最好的装饰效果（图 3-20）。

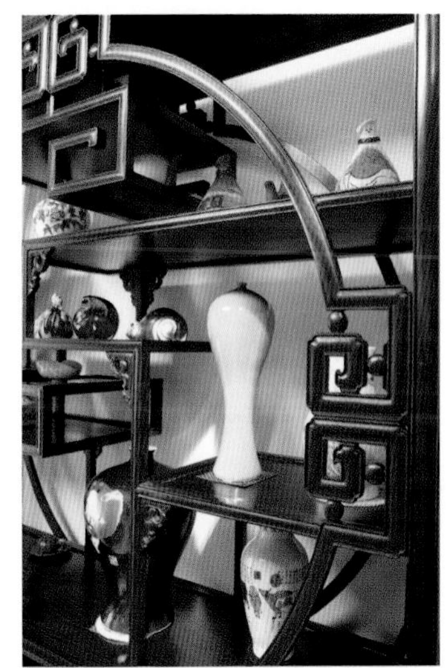

图 3-20

（4）室内台面陈设

台面陈设可以简单地理解成将陈设陶瓷置放在各类台面上。台面陈设是居住空间中最常见、运用最广泛、展示内容最丰富的一种展示方式。台面主要是各类桌面、几案、柜面等，还可以是座椅、沙发等。陈设陶瓷在台面陈设的东西非常多，如茶几上的陶瓷、杯具套装、书桌上的陶艺灯具和砚台、笔架等。摆放陈设陶瓷，根据不同台面的使用功能来规划，不要影响台面的主要功能（图 3-21）。

（5）室内悬挂陈设

悬挂陈设一般是在空间比较大，或者实际用到的空间比较少，或者不影响空间动线的空

间部位采用，如在大厅、大堂或楼梯中间，常配以陶瓷的挂饰、灯具，从顶棚、屋顶或房梁为固定点掉下垂线，摆出不同造型，营造局部空间氛围。需要注意的是，在居住空间中，要考虑陈设品的体量，与空间的比例关系，以及空间的装饰风格，做到丰富有层次而不零散拥挤。同时布置的时候要考虑安全性，做好保护，尽量布置在人比较难触碰的地方（图 3–22）。

图 3–21

图 3–22

心理学家考夫卡说过："艺术品是作为一种结构感染人们的。这意味着它不是各组成部分的简单的集合，而是各部分相互依存的统一整体。"所以，陈设陶瓷的放置是需要经过精心考虑的。在现实的居住空间中有可能展示多件陈设陶瓷，多种展示方式同时使用，注意展示方式之间的相互配合，以及陶瓷陈设与其他陈设的合理搭配，以求使整个居住空间的构图均衡，风格协调。

（二）室内陈设玻璃

从中国整个陈设玻璃艺术的发展情况来看，玻璃工艺经历了从传统的古法玻璃制造工艺到引进西方玻璃制造工艺与中国传统制造工艺相结合的过程，创作风格经历了由简化繁，由传统到中西结合的转变，整个造型创作设计有了从外形不规范且没有任何装饰性到了造型精美、实用性增强的演变历程。

室内陈设玻璃造型的创作表现手法，包括具象事物的具象表现和具象事物的抽象表现。无论是哪种表现手法皆由具象事物表现出来，无论何种形态都是由对自然形态的认识、模仿、提炼、加工之后对自然形态原始要素的提取转化为抽象形态，直至最后完全的抽象形态表现。

1. 室内陈设玻璃设计的影响因素

（1）材料

玻璃材料的特征符合一定的造型需要，不同的材料，如浑浊的仿玉色玻璃材料，就适用于创作大气厚重的装饰类玻璃艺术雕塑造型，透明的高铅玻璃材料，则适用于设计制作轻巧

的玻璃器造型，制作出的效果才会通透明亮，光彩夺目，如果采用不透明的玻璃材料，反而会显得黯淡无光，破坏了原来的制材美。根据材料的质地，特别是制材的固有特性和天然色及纹理，加以充分利用，在此基础上进行造型设计，使得天然美得以延续和伸展，这比人工的更加显得自然质朴、浑然天成，工艺造型要能充分恰当地利用本身质料的天然之美。

玻璃的材料特征是个性突出又变化多样。玻璃是一种人工合成的材料，不论是性能还是颜色，都由于配方的区别而具有多样性，丰富的玻璃材料形成玻璃工艺的多样性和造型的丰富性。

我国古代的玻璃材料主要分为两大类：一类是钠钙玻璃，这种材料特性来源于西方，是中国古代工匠套改国外技术制作的系列仿制品，储存量较少；另一种是铅钡玻璃，是我国古代所独有的一种材料。而铅钡玻璃又分为仿玉玻璃和透明的高铅玻璃。仿玉玻璃，仿玉颜色，乳白色，古代多被用于仿制玉品，如装饰的环璧、耳圈、发钗、剑首、剑格、琉璃玉衣等。透明的高铅玻璃，上层统治者御用——透明的玻璃窗扉，透明玻璃的出现代表着琉璃工艺进入了一个新的阶段，使得琉璃成为灵动透明的采光窗饰。

到了现代，玻璃材料的种类更在不断地增加，制造的玻璃艺术品所采用的原料不论是具有极高品质的水晶光学玻璃，还是各类废弃玻璃瓶都可作为原材料，作者可以根据作品需要选择的任何类型来达到所需要的效果。比如，水晶玻璃的效果更为晶莹剔透，有光泽；钠钙玻璃会产生乳浊、浑厚的效果；废啤酒瓶经烧制后则更富于肌理。

玻璃的不同材料特性都有其独特的艺术表现力，我们要做到根据玻璃材料的特性来创作不同的室内陈设玻璃造型，如，钠钙玻璃材料创作的室内陈设玻璃作品适合制作大气、厚重的造型，透明的高铅玻璃材料适合创作轻巧、灵动的造型玻璃艺术品，以此创作出不同的设计风格作品。因材制宜，因材施艺，就能有效地丰富造型语言。

（2）制作工艺

一般室内陈设装饰类艺术玻璃的工种分为综合制作、热加工和冷加工三大类，室内陈设玻璃工艺带有复合加工的性质，一件玻璃艺术品的最后成型不仅采用一种工艺方法，不仅仅是一种冷加工工艺方法，或不止一种热加工工艺方法，或同时使用了冷和热加工工艺方法制作的艺术玻璃作品，我们称之为综合类加工工艺。此工艺类型制作的作品，一般造型相当复杂多变，是一种工艺类型所无法完成的，必须多种工艺相结合，此工艺类型如套料工艺，先以热加工工艺中的吹制工艺，吹出一个腔体，再将几层不同色彩的玻璃叠加熔为一体，经冷加工工艺雕琢后，形成图案细部，使里层玻璃的色彩透现出来。

2. 室内陈设玻璃设计创作表现形式

（1）室内陈设玻璃造型之具象事物的具体表现

具象表现为人类所独有，是根据自己的需要、态度、体验和思想观念来综合取舍表象进而形成具象的能力；在表现的过程中也并不是完全仿照具象事物，而是在一定程度上可以对具象事物进行取舍、调整、移动等，不改变其本相，使之更具有感染力，更具有典型性（图 3–23）。

图 3–23

具象事物的具象表现被广泛应用于人类美术活动中，从人类早期的原始社会中动、植物原始形态被模仿于日用品陶器的形态及装饰上，到现代的人体具象雕塑；从中国的古代画像石砖到现在的写实风格的工笔人物画像，都可以看到此创作手法的运用，至今仍是美术创作中重要的艺术形式。欧洲古代的模仿说、中国古代的应物象形说和达·芬奇等人的言论，都是具象艺术有名的理论表述。

（2）陈设玻璃造型之具象事物的抽象表现

具象事物的抽象表现是指不表现具象事物的本质形态，只表现自身，完全依赖于形式本身来表达一定的内容，由点、线、面等的表现力所创造出来的形态。从具象事物中发展抽象造型，使得抽象造型有丰富的来源，而不必依据简单的构成原理进行造型，将有助于我们创造更丰富的造型。抽象事物的表现贯穿在设计领域的各个层面，抽象表现更加简洁、明快，更有利于表达感情和加深记忆。

由于室内陈设玻璃实用的需要，玻璃艺术设计受材料和工艺制作的限制，在一定程度上要对造型形象进行抽象处理，要改变正常的模仿形象。因为有时候从自然界或生活中得到的素材并不适合进行再创作，不符合设计要求，或者并不适用于常见的软装风格中，必须经过整理、改造、取舍后才能用于装饰摆件的工艺设计。原始的自然形态复杂多样，不易符合玻璃制作工艺的生产条件，需要进行提炼、加工使其符合玻璃创作所要的材料、生产工艺与实用功能。尤其是玻璃艺术这一工艺，既受多种条件的限制，又容易在多种工艺美术作品中被欣赏者忽略，因此，设计有时必须简洁、清晰、强烈、夺目（图 3–24）。

图 3–24

为了简化、明晰化，以创作引人注目的造型形象，必须对要创造的玻璃艺术作品的自然形象进行人为地加工及改造，使其抽象化，能够在众多艺术作品中瞬间抓住人们的眼光。

具象事物的抽象表现本来就是将原本的具象事物大幅度偏离或完全抛弃自然形态外观的表现，康定斯基（包豪斯教师）说：在时间的进展中，有力的证明，这“抽象”的艺术，并不排斥它与自然的联系，而正相反……抽象艺术离开了自然的表皮，但不是离开他的规律。抽象一词的本义是指人类对事物非本质因素的舍弃和对本质因素的抽取。抽象表现不仅仅是指事物形象的显著改变，也是对主题感受的一种强化，作者在接触客观事物时的感觉和认识，也都包含着抽象变形的性质，对于事物本身的透彻性了解和掌握，企图使本质印象深刻，达到强化事物本质特征的目的。

3. 室内陈设玻璃设计发展趋势

随着中国玻璃艺术在近些年的继承和延伸，玻璃艺术行业的发展不再单一，发展趋势开始呈现多元化。

玻璃艺术设计层次的不断提高，创新设计中国室内陈设玻璃艺术品让其不仅仅作为高雅昂贵的艺术品陈列于柜台之上，而是与人们的生活息息相关，进入到家装的队伍中，成为重要的软装饰元素。玻璃制品融入人们的日常生活中，出现了玻璃碗、玻璃摆件、玻璃隔断、玻璃砖等，艺术玻璃可以做电视背景墙、玄关、移门、茶几、装饰画、屏风、腰线、护角等。由于艺术玻璃在空间中表现出众，更多艺术玻璃已经陆续进入平常百姓家。新奇的玻璃设计元素让人们感受到艺术玻璃在生活应用中产生的强烈冲击力，将玻璃艺术制品推向大众，推向生活（图 3-25）。

图 3-25

随着科学技术的不断发展，室内陈设玻璃艺术品呈现出高科技的发展趋势。具体表现在运用高科技的技术手段，在玻璃这一媒介上创造新的玻璃艺术作品，比如耐高温玻璃，发光玻璃、英式镶嵌玻璃、景泰蓝玻璃及玻璃与陶瓷相溶的玻璃艺术品。随着社会的不断发展，玻璃与陶瓷可否相溶而作为一种新兴材料的出现，将是玻璃研究的重要方向之一。玻璃与陶瓷相溶工艺的研究，将会在一定程度上推动玻璃艺术与社会生产相结合，成为玻璃艺术的发展趋势之一。

（三）水晶工艺品

水晶是一种古老的宝石品种，它是透明石英的结晶体，千百年以来，水晶以其纯净、透明、坚硬的质地，被各国人民视作坚贞不屈、纯洁善良的象征。

水晶，由于它独特的质地，丰富的色彩，深刻的文化内涵等原因，深受人们的喜爱。过去人们用它做眼镜、项链、戒指、手镯、耳环等。现在，由于人们对水晶的不断开发和加工，水晶产品越来越丰富，它渐渐走入人们的居室，成为室内装饰中的亮点。水晶用于现代室内装饰设计，就是用水晶艺术品来修饰、装点、美化室内环境，使室内具有某种独特风格。

水晶的表现形式非常丰富，可以通过各种途径、各种方法在现代室内装饰设计中体现出它的特质和美感。

1. 水晶饰品的装饰手法

水晶材质本身的表现形式非常丰富，如果能够利用一些其他装饰手法烘托水晶的材质特色，其效果会更加悦目动人。例如利用灯光配合水晶晶莹透亮的材质特征，制造华丽、璀璨夺目的视觉效果等。经过雕刻师的精心雕凿，利用不同色彩的水晶制作出各种动植物形状，组成一副立体的图画，色彩缤纷，栩栩如生，真是美不胜收。还可以注意不同颜色的水晶与室内环境和谐搭配，以自然的方式组合，更能使水晶的灵性得到展示。

（1）浮雕装饰

浮雕装饰是传统水晶装饰品常用的装饰手法，在水晶材料表面上雕刻传统吉祥图案。蝙蝠、鹿、鱼、鹊、梅是较常见的装饰图案。取“蝠”与“福”谐音，可寓有福；“鹿”与“禄”谐音，可寓厚禄；“鱼”与“余”谐音，可寓“年年有余”等。“梅、兰、竹、菊”、“岁寒三友”等图案则是一种隐喻，借用植物的某些生态特征来赞颂人类崇高的情操和品行。竹有“节”，寓意人应有“气节”，梅、松耐寒，寓意人应不畏强暴、不怕困难，百折不挠。同理，石榴象征多子多孙；鸳鸯象征夫妻恩爱；松鹤则表示健康长寿。将这些有特殊寓意的吉祥图案刻在水晶材料上作为室内装饰，是中国人含蓄气质的体现。

（2）刻画装饰

刻画装饰是水晶制品的主要装饰形式。在经过粗磨加工的水晶半成品坯上用锋利的钢刀雕刻出草、隶、篆、魏碑、汉简、钟鼎、石鼓等各体书法的诗词歌赋，或花卉、虫鸟、山水、人物等国画白描，集文书、书法、绘画、篆刻诸艺术于一体，形成了水晶制品特有的装饰工艺，更增加了水晶装饰品的艺术感染力。

水晶刻画的装饰方法，一般可以分为清刻、沙刻、阳刻、阴刻、着色刻五种。根据制品的不同造型，施以不同方法加以装饰。

刻画装饰一般都是先在水晶坯体上书画，然后依着字形和图案进行初步雕刻。初步雕刻使用的雕刻工具通常是特制的钢针和钢制刻刀。雕刻方法则根据作品的不同要求采用不同刀法。精细的作品，用斜刀刻法，能刻出挺秀的精神；普通作品则通常采用平刀刻法。初步雕刻完成后，还要用专用的雕刻机器进行精细雕刻。这个步骤难度非常大，稍有不慎即前功尽弃，因此，这个环节对操作者的功力和经验有很高的要求。

就雕刻的刀法而言，用刀时要充分体现刀刻在水晶坯体上的刀痕质感。同时，由于不平整的刀痕可以反射出光线的不同变化，因此不求雕琢得相当工整，但求明快质朴，刀痕出神。

水晶刻画不同于一般的雕刻，也有别于漆雕和其他刻绘。它是在水晶坯体凹凸不平、多角线条等复杂的造型上进行操作的。书画题材的取舍与笔法，基本上与国画相似，有书有画。书画之外，还有印章款识。只是布局上有所不同，要按照装饰品的各种造型分别对待。画面要求清晰层次分明，刀法既定就不能更改。一件优秀的水晶装饰制品，在其成功的造型之上进行精致的镌刻，俨如一幅完美无缺的中国画，图文并茂，倍增风雅。所以水晶刻画也有它独特的民族风格。

（3）水晶彩画

彩画是重要的色彩装饰手段。水晶彩画色彩丰富，对比强烈，装饰效果出众。水晶彩画多采用高铅水晶玻璃为材料，在绘画题材上多绘飞禽走兽、山水花鸟、云气绫锦、人物楼台，很有文化特色。水晶彩画用色大胆，多采用对比强烈的色彩搭配，装饰味特别浓厚。

（4）其他装饰手法

在水晶装饰品的成品上，进行抛光及金银丝镶嵌等装饰加工，可使产品别开生面，古色古香，另创一种艺术风格。抛光是指对造型类的水晶制品基本成型后进行的再加工装饰，先用铁砂布将要抛光的面磨光，然后在抛光机毡轮上抛光。经过抛光的水晶制品，光彩照人。

金银丝镶嵌的作品常采用传统的金银色金属材料，寓意美好吉祥，具有浓厚的东方民族特色。这种装饰手法属于水晶制品特种工艺行列，加工工艺复杂，产品极具装饰效果。适用于豪华、高档场所陈设，显示出华贵、端庄气质和富丽堂皇的装饰效果。

2. 水晶装饰品分类

水晶制品在室内的运用形式可以从装饰性和功能性两个方面来看。装饰性这个角度主要侧重于突出水晶的装饰性，如水晶吊灯、水晶景致、水晶摆件等等。这些大都是凸显水晶装饰品自身的装饰性，忽略甚至放弃了其所具备的功能性。而功能性的水晶制品则没有放弃其所具备的装饰性，而是将功能性与装饰性并存，如水晶茶几、水晶坐垫、水晶餐盘、水晶烤盘，还有水晶门帘、水晶玻璃门等等。我们不难看出这些水晶装饰品的设计者都希望这些物品能在具备相应功能的基础上尽量美观。

近几年，随着水晶技术的发展以及人造水晶工艺的日渐成熟，低廉的价格加上水晶出色的装饰效果，让市场上出现了更多为室内装饰而设计的大型的水晶装饰品，如水晶浴缸、水晶装饰树等等。

水晶装饰的类型可以从室内陈设装饰和室内装修装饰两大类来分析，细分可以分为实用品、装饰品、摆设（摆饰）、壁饰（壁挂装饰）等。作为室内陈列装饰品和室内装修用品，水晶的表现形式各不相同，而具体的表现形式又由具体的场所的性质和环境来决定。本书只介绍常见的室内陈设水晶饰品（图 3-26）。

图 3-26

陈设装饰与建筑实体本身没有直接关系，主要是为了增加室内的美观，形成某种风格和气氛。陈设装饰包括各种家具，屏风、博古等隔断，古玩、笔筒等装饰工艺品等。水晶隔断在丰富室内空间层次上有着重要作用；水晶壁饰丰富了墙面视觉景观；水晶帘子给室内增添了生活气息，是调节室内氛围的重要因素；而水晶小摆饰不仅可以用来点缀室内，而且具有调节室内小环境，净化室内空气的作用。

（1）水晶隔断

屏风是一般公共场所经常使用的摆设品，屏风起到一个隔断的作用，而水晶屏风则有“隔而不断”的效果，水晶屏风在功能与美观上的优越性是显而易见的（图 3–27）。

（2）水晶门帘

在一些比较轻松随意的场所就不适宜用庄重的屏风来做隔断了，水晶门帘活泼、时尚，不但能起到隔断的作用保护主人的隐私，又不会让来访的客人有被拒之门外的感觉。同时，晶莹冰透的水晶将阵阵热气挡在门外，给炎炎夏日增添了清凉感。

水晶帘子在室内装饰中表现出了高贵、绚丽的特性。水晶材质的高硬度减少了帘子相互碰撞造成的损失，水晶粒在光线下折射出绚丽的色彩，彰显宝石的华丽本质。同时，它和屏风一样有“隔而不断”的视觉效果，使水晶帘子具有独特的美感（图 3–28）。

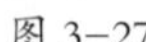

图 3–27

图 3–28

（3）水晶灯

水晶装饰吊灯也是水晶穹顶装饰必不可少的一个重要组成部分。由于水晶独特的折射率让水晶在光的表现上具有了独一无二的七彩效果，也正是这个特点让水晶灯早早地被人们所接受并得到了长足的发展。除了水晶灯在色彩上的出色表现外，它作为吊顶在穹顶装饰中对于体现空间感的表现力更强。现在几乎所有的大型会议室、礼堂、酒店都会在大厅中吊上一盏绚丽的水晶灯。水晶灯也一直是别墅或豪宅的灯饰首选。

水晶灯在室内空间的运用不仅仅起到一般的装饰效果，如在室内布置一盏古典的水晶吊灯，不仅可以在视觉上延伸天花板的高度，还会让整个室内空间显得更独立，同时充满优雅的品味。

华丽、贵气的水晶灯一直是灯具家族中的贵族。水晶灯向来以妖艳、闪烁的光泽，玲珑诱人的曲线，晶莹剔透的身躯示人，处处显示着欧洲宫廷贵族的奢华。现代装饰中水晶灯的表现形式以及运用手法让水晶灯不仅仅起到一般的装饰效果，如在室内布置一盏古典的水晶吊灯,不仅可以在视觉上延伸天花板的高度,还会让整个室内空间显得更独立,同时又能表现出一种优雅的格调。

水晶灯的设计大胆突破固有的繁杂琐碎,在造型、色彩及功能上更加多样化,更适合衬托现代线条简洁的室内空间,创造一种对古典雅致的现代阐释。在现代室内装饰设计中水晶灯成为视觉的焦点和现代室内空间中的重要角色,是最具现代装饰特点表现力的元素之一。

图 3-29

水晶灯在中国大概出现于 20 世纪六七十年代,起步于九十年代中后期,发展于 2002 年之后, 2005 年至 2006 年水晶灯企业数量出现倍数增长, 2007 年则被灯饰行业喻为“水晶灯年”。目前连云港地区市场上的水晶灯主要有几种类型:天然水晶切磨造型吊灯、重铅水晶吹塑吊灯、低铅水晶吹塑吊灯、水晶玻璃中档造型吊灯、水晶玻璃坠子吊灯、水晶玻璃压铸切割造型吊灯、水晶玻璃条形吊灯等。近年来,人们生活水平不断得到改善,华丽璀璨的水晶灯虽然在价格上还是居高不下,但是其不可阻挡的装饰效果、无可比拟的色彩表现力让其成为了越来越多人的消费首选(图 3-29)。

(4)水晶厨具

水晶厨具的出现给枯燥无味的厨房工作带来了乐趣。清澈的水晶锅盆,剔透的水晶烤盘,极易清洁的水晶餐具,从视觉上和触觉上带给使用者新鲜清凉的感受。

(四)贵金属摆件

摆放在桌面上供人欣赏和使用的摆件已经成为人们美化生活、美化室内环境的重要产品,起到了画龙点睛的作用。就像美丽的服装需要珠宝首饰来搭配一样,具有文化品位的家居也需要拥有艺术品位的桌上摆件来搭配。受到历史因素和发展因素的影响,贵金属摆件设计在国内与国外呈现出不同的面貌特征。

金属类摆件的材料包括纯金属和它们的合金,常用的纯金属材料有铜、铁、银、金等,常用的合金材料有不锈钢、铝合金、黄铜、青铜、白铜等。根据材质价值的不同,又可分为贵金属类和非贵金属类,贵金属主要包括金、银和铂族金属等。在日常生活中,我们时时刻刻都在与金属打交道,它们具有良好的导电性、导热性、延展性,且熔点高、密度大,它们的各种特性为我们所用。例如:铁材具有良好的导热性;铜材具有导电性;不锈钢具有抗氧化性;黄金的稀有、不怕酸碱、耐高温;铝合金质量轻、抗腐蚀等。不同金属的特性与色彩都为金工艺术家所用,除此之外,像钛金属这样质地轻、密度小、色彩丰富、耐腐蚀的新兴材料也逐渐受到人们的欢迎。

随着人们对装饰生活空间的需要提高,集观赏性与实用性于一体的贵金属摆件艺术受到了越来越多的关注。

如果要把贵金属摆件归类的话,可以把它归为产品设计的一个分支。贵金属摆件不是单纯作为观赏的艺术品，也不是单纯作为日常使用的日用品，而是以贵金属为主要材料，放置在三维空间内，集实用性、观赏性、情感寄托、符号特征于一身的金工艺术产品。

按照使用侧重点的不同，贵金属摆件可归为两类，一类是偏向于观赏性，另一类是兼具使用性和装饰性的。常见的以实用性为主的贵金属摆件主要有：刀叉勺、杯（包括饮用咖啡或茶的热饮杯和饮酒用的冷饮杯）、壶（咖啡壶、酒壶、茶壶、水壶、奶壶、巧克力壶等）、盘与托盘、篮（红酒篮、面包篮等）、烛台、调料器、汤釜（盛汤的容器）、双耳杯、分层饰盘、水壶、盐缸等。

一件贵金属摆件的单纯使用性或是单纯观赏性已经不能完全满足人们的需求，大众更加看重在使用贵金属摆件的过程中所带来的视觉享受与精神愉悦。

贵金属摆件艺术，在西方有了良好的发展连续性，并在民众当中具有广泛的认知程度，而且已经有了卡地亚（Cartier）、蒂芙尼（Tiffany & Co）、昆廷（Christofle）、双立人（Zwilling）等百年品牌，并具有各自鲜明的特征。近几年，随着中国富人阶层和中产阶级阶层的扩大，这些国际品牌也看中了中国市场的巨大发展潜力，纷纷进入北京、上海、广州、青岛等大中型城市，并且已经形成了一定的影响力以及忠实客户群体。与西方国家相比较，中国的贵金属摆件设计还没有形成鲜明的面貌与特征。

中西方文化环境不同，也使得贵金属摆件的风格形态千差万别，呈现出多风格化。

1. 当代国外贵金属摆件

西方国家有使用贵金属摆件的传统，尤其是银质的餐具、咖啡具、茶具等，这些设计精美的贵金属摆件既拥有装饰性，又可满足日常的使用需求。从设计风格上看，也呈现出多元化的设计风格。在此，着重对自然主义风格、建筑风格、极简主义的应用进行分析。

（1）自然主义风格的应用

随着科学技术的迅猛发展，我们的身边被“速度”所充斥着，我们在享受科技带给我们的便利，同时，也越来越远离自然。自然主义设计风格的出现有两方面原因。一方面，人们生活在充斥着钢筋与混凝土的大都市，汽车尾气、工业废气、污水等让我们的身体和精神都倍感疲乏，或许每个人都在思考是否这就是我们想要的生活方式。田园般的生活对于生活在城市中的人们成为了奢侈品，我们在向往自然的同时，也渴望在心灵深处找到一份绿色与清新，在不同的领域，越来越多的设计师开始关注有关绿色与自然风格的设计。另一方面，物质的极大丰富，也使人们的生活理念和价值观念发生了很大变化，像生态、自然等在工业发展的初级阶段没有得到应有的重视，但却与我们生活息息相关，并影响着人类今后的发展问题得到了广泛关注，这也对自然风格设计的发展产生了影响。

金工艺术家从大自然中获取灵感，对自然元素加工和再创造，增加人文情怀。生活中的花草树木和飞禽走兽都成为了他们创作中的灵感。回归自然的设计，是人类追求更高层次精神生活的象征，也传达了人们期望达到人与自然真正和谐的美好愿望，反映出人类对于孕育着无限生命的自然的依赖。通过艺术加工，让它们更加生动和贴近生活，当我们欣赏和使用自然主义风格的产品时，不禁会有一丝的惬意，并感觉到安静、温馨与祥和。

自然风格的设计多源于对自然美的模仿。带有自然元素的设计受到自然事物的形态和功能的启示，通过对自然物象的造型和内在功能的模仿进而形成具有创造性的设计。这种设计是自然事物的真实再现，能够直接反映和揭示自然美，从而让我们感受到大自然中的神秘力量和无穷魅力（图 3-30）。自然物独有的功能和奇特造型启发了金工艺术家的仿生设计。

图 3-30

设计师在大自然中提取丰富的图案和绚丽的色彩，自然界成为了金工艺术家取之不尽的灵感来源。从艺术角度而言，自然是一切艺术形式长盛不衰的主题，艺术家们以各自独特的语言与表现形式传达对自然的感受。

自然主义设计风格既表达了人类对其生存环境的关注，也表现出了对自身未来发展的关切。在各个领域都不乏以自然为主题的设计，自然以它无穷的魅力启发着设计师的灵感。

（2）建筑构成应用

艺术都有它的共通之处，我们不难从不同的艺术门类中找到互通的艺术特征。建筑艺术与摆件艺术也是如此，两者都是在三维空间中构建立体造型的艺术，都是工艺与艺术的结合体，并兼具实用性与审美性的特征。建筑艺术作为一门综合性艺术，通过点、线、面的几何组合，以及空间造型、内外空间组织、群体组合、色彩搭配、材料质感等，并结合自然环境发挥其审美功用。很多当代西方著名的建筑设计师，像 Richard Meier、Aldo Rossi、Paolo Portoghesi 等都涉猎过贵金属餐具的设计，金工艺术家也从建筑中汲取养分，把建筑的精华运用到设计中来。如图 3-31 ALESSI 的设计，金属与陶瓷的混搭，建筑造型的现代抽简化表现，使得这套咖啡餐具不仅仅是一件具有实用功能的用品，更成为了一件现代简约风格的装饰摆件。

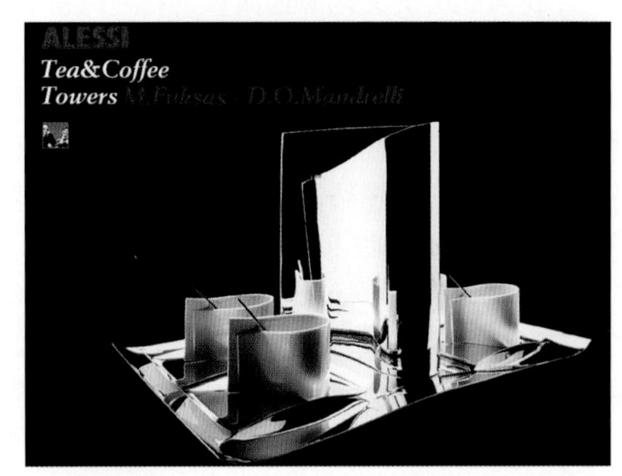

图 3-31

2. 国内贵金属摆件

从消费需求上看，当今我国的贵金属摆件主要以礼仪性消费为主，市场上销售的此类产品多是侧重于观赏性的陈设品，根据题材的不同主要有以下三类产品。

（1）十二生肖类摆件

十二生肖是中国传统文化的组成部分，它通俗易懂，具有大众文化特征，同时又具有趣味性，所以沿用至今。在产品设计中，十二生肖成为长盛不衰的表现主题。

（2）具有良好寓意及美好祝愿的摆件

例如，在我国的传统文化中，一些植物被赋予了良好的人格内涵及美好寓意，象征富贵的牡丹、象征纯洁和廉洁的荷花、象征君子间情谊的松竹梅、象征君子品格的菊、竹、兰、梅等，桃子代表多寿，石榴代表多子，佛手代表多福等。

（3）迎合传统节日的贵金属摆件

中国的传统节日内容丰富、形式多样，传统节日是各个民族在长期的发展中逐渐形成的，具有历史性与文化性。

（4）佛像、观音像等宗教题材的贵金属摆件

面对中国传统文化中的优秀成果，一些设计师完全沉浸在中国传统文化特征中，缺乏当代审美，缺乏将现代设计元素融入到此类别的产品设计当中。这种现象存在的根源在于对传统优秀文化的理解与思考还很肤浅，认为具有传统器形和纹样的造型就具有了中国韵味，或是把某种符号定义为中国文化，以至于市场上销售的贵金属摆件缺乏当代审美，从一定程度上也造成了传统艺术发展的停滞。这种类型的产品多作为纯工艺品来出售，对追求时尚和新鲜感的年轻群体缺乏吸引力。

现在正处于东西方文化相互融合、相互交流的时代。在国际交往中，中国人越来越意识到把中国传统文化与现代国际潮流相结合的重要意义。当代中国设计师也十分热衷于把中国传统文化的某个元素或图形与西方的某个主义或风格相嫁接。

3. 具有“中式风格”的贵金属摆件

我国的历史文化源远流长，有很多优秀的传统思想、金属工艺、造型艺术、图案纹样等值得我们去传承、挖掘与再创造。近些年，西方观赏性摆件设计也在“东方风格”中寻找灵感来源，不断刮起“中国风”，一些国际知名品牌在开拓中国市场的同时，也注重开发带有中国元素的产品，以迎合中国消费者的审美需求和情感需要。

银器中的奢侈品牌昆庭（Christofle）一直重视对动物系列产品的开发，以传承亚洲文化，开发亚洲市场。在 2012 的龙年，“昆庭”携手法国艺术家 Thierry Lebon 带来了富有中国文化特色的“东方龙”纯银雕塑。作品由位于法国巴黎的“高级订制银器作坊”的银匠大师们纯手工打造，此雕塑龙的神态栩栩如生、造型惟妙惟肖，每一个纹理都清晰可见，足见设计的用心，做工的考究。

中国拥有 5000 年未间断的文化，这是我们拥有的巨大宝库，我们应做的是在传统思想文化根基中找到现代发展方向。金工艺术家要想设计出真正具有“中式风格”的贵金属摆件产品，必定要根植于中国博大精深的文化，寻找到中国文化的灵魂所在，再用现代的设计思想和语言表达出来。

贵金属摆件不同于纯粹的“艺术品”或是单纯作为使用的经济商品，装饰作为物本身的外在表现形式，当装饰为功能的实现体现价值，贵金属摆件才能真正地成为装饰艺术产品，才能彰显出它的魅力所在。以我国汉代灯具的设计为例，它可以说是装饰和功能结合的典范，很多设计理念对当代设计仍有启发。

4. 传统金属工艺的应用

我国一些传统手工技艺，像花丝镶嵌、景泰蓝、点翠等，已经越来越被国人所"遗忘"。正如日本学者柳宗悦所说："如果工艺是贫弱的，生活也将随之空虚"。随着国人的认识水平不断提高，一些文化学者也提出要复兴和拯救我国的传统手工技艺，这不是要改变机械化生产的趋势，而是在保护和传承我国优秀的物质文化遗产，将传统手工艺与现代设计、现代消费需求相融合，将是继承与发扬传统艺术的努力方向，极具积极与重要意义。

（1）花丝镶嵌工艺

花丝镶嵌，实为两种金属工艺的结合，分别为"花丝"和"镶嵌"，产品品种主要分为摆件类和首饰类。"花丝镶嵌"在我国有着悠久的历史，春秋时期已经具有了初步形态。到了明代，"花丝镶嵌"的技艺水平已经相当成熟，清代有了更大的发展，名家名品不断涌现。

新中国成立后，于 20 世纪 50 年代在北京成立了我国第一个花丝镶嵌厂，产品主要以出口为主，曾有过一段辉煌的发展历史。90 年代以后，花丝镶嵌工艺摆件和饰品发展十分缓慢，市场上销售的花丝镶嵌工艺品每年产出数量有限，产品的受众群体较为单一，消费者购买此类产品多用作馈赠礼品，这种现状的出现有以下几点原因：

第一，花丝镶嵌工艺品由纯手工制作完成，工艺十分复杂，制作周期较长，这与追求快速经济效益的现代经济相矛盾；第二，花丝镶嵌工艺摆件在器形和装饰上都鲜有创新，主要以仿古器为主（图 3-32），在一定程度上不符合追求个性化消费的现代消费形式；第三，在技艺的传承上，一般都是师父带徒弟的模式，这种教授方式培养的人才往往缺乏创新精神，而经过艺术熏陶的专业院校毕业生，虽然有前卫的艺术眼光，但是缺乏实际技能，这在很大程度上造成了技艺（工艺）与艺术的脱节；第四，艺术市场的萎靡和工艺美术在很长一段时期内不受重视，导致了掌握这门传统工艺技师的流失和后续工艺技师培养受到限制。

图 3-32

花丝镶嵌工艺作为一种传统的手工艺，带有中国传统文化特色，对于传统工艺，我们要把它传承下来，但传承并不代表着照搬照抄，完全地复制。我们要做的是探索如何用传统工艺表达现代内涵。掌握花丝镶嵌工艺的技师、工艺美术大师与相关企业的合作有助于这门古老技艺的商业化发展，通过与相关艺术院校的合作则有利于这门传统工艺加入更多时尚

与流行的元素，也可以让更多的年轻人接触到这门传统技艺，培养他们的兴趣，使其成为传承传统优秀技艺的后备力量。

（2）景泰蓝工艺

景泰蓝，又叫做“铜胎掐丝珐琅”，属于珐琅工艺的一个种类，景泰蓝的生产以北京为主要中心。景泰蓝工艺美术不仅运用了青铜工艺，又吸收了瓷器工艺，同时大量引进传统绘画和雕刻技艺，是集铸造、绘画、窑业、雕、錾、锤等多种工艺为一体的复合性工艺，堪称集中国传统工艺之大成，因而自古便有“一件景泰蓝，十箱官窑器”之说。一件优秀的景泰蓝工艺作品要同时具备四个特点：第一，要有优美的器形；第二，要有漂亮的纹饰；第三，要有统一的色彩搭配；第四，要有完美的抛光。只有把这四点结合在一起，才能称之为完美。新中国成立后，景泰蓝作为中国最有特色的传统手工艺得到了很大发展，2006 年 5 月 20 日，景泰蓝制作技艺经国务院批准列进第一批国家级非物质文化遗产名录。

图 3-33

目前中国景泰蓝制品的市场有以下几个特点：第一，景泰蓝工艺的观赏性摆设以仿古器为主（图 3-33），例如：炉、瓶（六瓣瓶、梅瓶、海棠瓶）、鼎、碟、烛台、尊、鼎等。也有商家经营烟具、灯具、茶具等集实用性和装饰性于一身的摆件。在釉料的颜色上，除了传统蓝、白、绿等颜色外，一些企业还开发出了环保无铅釉料及玫瑰红、玫瑰紫等新釉色。第二，景泰蓝工艺品的装饰纹样和装饰题材都是平时我们喜闻乐见的，如牡丹、菊花、梅花等花卉图案，还有龙、凤、博古、云头、桃花、勾子莲、八字码等题材，也不乏具有突出文化意蕴的人物、动物和山水题材的作品。第三，消费者的购买目的是用来装饰家居或是作为礼品。第四，受到外在器形与装饰纹样的制约，购买此商品的消费者多为 40 岁左右的中老年群体，缺乏年轻群体的消费。

对于我国当代景泰蓝工艺美术的发展而言，沿袭传统的器型和纹样是对我国传统金属技艺的传承，但是，如果没有创新势必会失去年轻消费群体的青睐。景泰蓝工艺最大的优势是拥有丰富色彩，没有哪一种金属工艺能像景泰蓝工艺这样能把如此多的色彩集中到一种工艺中。在艺术创作中，我们不仅要追求造型美，还要更多关注它的色彩表达所产生的视觉冲击，把它的优势最大化。

彩色是景泰蓝最大的优势，世界上著名的珐琅饰品制造商 Frey Wille 对珐琅的全新演绎可以为我国景泰蓝工艺的传承提供新的思路。

Frey Wille 是奥地利国宝级品牌，从最初的设计研发，到色彩搭配的每一个细节，其每一件珐琅饰品都经过设计师的精心设计，每一件作品都可以称之为艺术品。色彩在艺术家手中变成了灵物，古老的工艺散发出现代感与时代气息，将古老的艺术赋予新的文艺内涵与艺术哲学。

Frey Wille 的成功之处可以成为景泰蓝工艺的有益借鉴。把每一件作品当成是艺术品，用纯粹艺术的理念来做设计，寻找作品的艺术之源，这种精益求精做艺术的态度，是做好设计的前提。Frey Wille 拥有 200 多位国际化的设计师团队，在确定好研发主题后，设计师会到世界各地进行田野式实地考察，一幅名画、一首名曲都是 Frey Wille 的灵感来源，通过抽象与概括，用现代的艺术手法表现出来。同样，开发景泰蓝工艺的摆件不仅是对传统技艺的传承，还要对它进行发展与创新，利用它的色彩优势，加强几何图形的运用、注重色彩的搭配所带来的视觉冲击、增加趣味性画面的描绘等等。用此手法增加其现代感与装饰性，并给使用者带来亦真亦幻，美妙绝伦的奇妙感受，这在很大程度上有助于获得年轻消费群体的青睐。积极探索年轻群体的消费心理，开拓年轻群体的消费市场，对于开发景泰蓝工艺摆件市场和弘扬我国传统文化具有积极的意义（图 3-34）。

图 3-34

（五）木制饰品

木器，指用木材制作成的器具。木器伴随着人类文明不断地发展并被人类所使用。在人类发展进程中有过旧石器、新石器时代，而不容回避的是，在此时代之前，远古时期的人类很可能就已开始使用木制器具。原因是：古人生活在与树木朝夕相处的自然环境中，而木材的可利用性、可塑性很强，加工相对较容易，可以成为其生活中首选的工具。至少我们在考古中发掘出的石器时代的一些石斧、石刀及其他用石块打磨成的锐器，就其造型、体积等推断，很可能是与木棍等木制材料同时使用的，否则其威力很难与当时的恶劣的生存环境抗衡。

由于木材的自然因素，其本身较易腐朽，保存的时间远不如石器、金属等材料。故而留传至今的木器一般时距较近，数量也相对有限。然而，在人类的生产与生活中，木器一直受到人类高度重视，并不断地被融入人们对生活、对自然的美好愿望。更值得注意的是与其同时代出现的石器乃至青铜器等早已不再成为人类生活的主流时，木器仍然不断得到发展，进而使原本赖以生存的木制品成为木器艺术品。

木器艺术品主要包括以下几个方面：

建筑类木器，主要表现在古建筑中的木制结构、装饰品等。由于现今的建筑多为钢筋混凝土、金属、塑料、玻璃等结构，对这一领域传统艺术的继承越来越少，实乃令人遗憾。

日用生活类木器，主要为木制家具、器皿等。

木制工艺、装饰品，主要为木雕、木制手工艺品及其他装饰装潢艺术品。

这三个方面中的木质艺术品虽非浩若烟海，却也品种繁多。

就软装家居饰品的构成来讲，木质工艺品、装饰品是现代家居装饰中打造文雅风格以及

中国传统风格的极佳装饰摆件。

从中国古代阴阳五行说的观点看，木材“……敷和的气理端正；理顺随，其变动是或曲或直，其生化能使万物兴旺，其属类是草木，其功能是发散，其征兆是温和。”木质饰品由于其丰富的肌理、良好的触感、天然的芳香，给人一种视觉、嗅觉、触觉乃至心理上的亲近感，使得木质饰品的存在具有广泛性。木质饰品会因为木质材料自身质地、肌理的不同，呈现出不同的特征。比如，带皮的生材制作的饰品会显得野性粗糙，呈现出自然野生的本性，令人感觉与大自然融为一体；而去皮的原木饰品则洁净光滑，使人在感觉到自然的同时产生纯洁高雅之感。实木木质饰品根据树木的种类不同，其色彩也十分丰富，红黄赭黑白均有。而人造板材制作的木质饰品，常采用人工涂饰的方法，其色彩、图案就更为丰富多样。木质饰品因为木材表面具有的凹凸感，在光线的照射下，会呈现漫反射现象，这些光线似乎能渗进木材表面，使它产生柔和的光泽，所以会使表面变得柔和，表现出它温存而富于人情味的性格。而且木质饰品可以减少紫外线对人体的危害，同时又能反射红外线，故会给人带来温暖、柔和、细腻的触觉和视觉效应，在寒冷的冬季可以给人们带来温暖的感觉。

木质饰品的造型多为圆盾型，它不会像金属饰品造型那样冰冷尖锐。木材本身的香味又使得木质饰品从出生起就身带凝香，这比起塑料饰品产生的焦灼味，确实让人心存愉悦（图 3-35）。

图 3-35

木质饰品存在意义就是一种与环境协调性的存在，这种存在具有一定的合理性、可行性、美观性。木质饰品的使用性不如工业产品，工业产品注重本身的使用功能，而木质饰品偏重自身对使用者、观赏者精神的取悦。任何一种产品设计时应该找准自身的功能定位，当多重功能集于一身的时候该有所侧重，木质饰品设计时则应该以其审美功能为主。

1. 木制饰品的文化内涵

古代木质饰品注重选材与技艺的融合。谈到古代“木质”饰品我们自然而然会联想到黄花梨、紫檀、鸡翅木等这类具有历史文化积淀的材料，它们是高官、富足人群专享的特权，并象征着高品质、高地位。古代木质饰品同样侧重工匠艺人的技艺，在雕刻、嵌螺钿、雕漆等技法的处理上见证了中华民族的精神文化，是一种不屈不挠、注重细节的过程，这种精神文化至今也广为流传，并且得到了发扬光大。古代的木质饰品装饰题材也多采用一些神仙故事、龙凤图案这些具有久远意蕴的内容。古代采用的装饰技法和装饰题材至今也深得人心，已经融会贯通成一种具有文化内涵的技艺要素，并随着时代的步伐逐渐更新，且始终脱离不了内在精神文化这一主旋律。现代木质饰品设计越来越认同本土文化，本土文化也是对传统文化的认同，探索传统文化的内涵，找出传统文化与个性化设计的交叉点，这才是设计的精髓所在。至今我们仍然认同这些继承着历史脉络的文化，我们认同木质饰品中应该注入文化的分子去表现本体的内在意义。现代设计师应具有广阔的文化视角和丰富的知识，在超越自我的基础上寻找与世界相通的语言。在木质饰品的设计中注重文化的传播与融合，也自然会缔造出更新层次涵义的文化艺术，这本身也是人主体性的体现过程。

“越是民族的就越是世界的”，一个民族的传统文化在长期的积淀过程中，保留了民族认可的有价值的积极成分，具有认同感。我国是拥有五十六个民族的国家，每个民族都有着区别于其他民族的思想和文化。这些民族的生活方式、习俗、审美习惯、伦理道德等等，构成了潜在的深层文化结构，已深藏在民族心理和精神之中，肯定传统的文化元素和审美观，将使设计发展得更深远、更广阔。

2. 木制饰品的人文关怀

“只是提供非常引人注目的产品是没有用的，它们还应该反映使用者更深层次的价值观”，要求产品更具有人文性。木质饰品设计的人文性原则的要求是木质饰品不仅仅满足功能和技术、经济的限制，还需要更加关注顾客的利益、了解顾客，关注人的精神和情感方面的需求。在拓展木质饰品装饰内涵过程中，我们需要明白的是木质饰品的装饰不仅仅是表面的图案装饰，还包括形体的丰富带来的装饰性。木质饰品装饰是将客体人性化的过程，我们可以将产品装饰理解为对产品进行“打扮”、美饰的过程。木质饰品的装饰使其拥有了艺术价值，一个艺术的“虚”的价值。木质饰品的装饰饱含了艺术的精神，相对于其形式的美，装饰更体现的是一种精神的超越。所以在对木质饰品进行装饰的时候，通过装饰实际上达到的是增加一份艺术感，一份能让人感知的虚空，这与木质饰品的实在意义共同构成了虚实结合的统一体，能很好地增加木质饰品的审美性。

木质饰品应具有情趣性，随时能给人小小的感动，即我们通常所说的具有人文关怀。木质饰品的内涵在体现审美价值的同时，更多的需要将其人文关怀发挥得淋漓尽致。我们常说考虑周全的人性化设计才是好的设计。何为人性化设计？所谓人性化设计，不仅指在设计产品过程当中，根据人的行为习惯、人体的生理结构、人的心理情况、人的思维方式等等，在原有设计基础上对产品进行优化，并且使之更加易用，更加舒适。这种舒适化绝不仅仅是身体上和生理上的舒适，从更深层次上说，还应该是精神上和心理上的舒适。人性化设计不仅用于工业设计产品这类需要与人类肢体亲密接触的产品上，而且也包括在木质饰品这类产品上人类精神的延伸。在木质饰品中体现的人性化主要表现在设计时注重饰品满足不同的个性和差异性的多方面需求。

从木质饰品的材料上讲，木材本身就是亲肤类材料，它良好的触感，软硬适中的质地，丰富的色彩，自然美观的纹理，使得木材具有很好的亲和性。木质饰品良好的加工性能，对制作者来说易于加工与造型，对使用者来讲，千变万化的形态与色彩能满足不同人群的审美需

求，这些都说明木质饰品具有丰富的人文特性。木质饰品设计越来越关注人们日常的行为方式，反映和满足人们情感方面需要的木质饰品在设计领域中逐渐凸显出来。对木质饰品人文特性的研究发现，现有木质饰品是融入了情感设计的考虑。在木质饰品设计时通过各种形状、色彩、肌理等造型要素，将情感融入木质饰品中，在消费者欣赏、使用木质饰品的过程中激发人们的联想，产生共鸣，获得精神上的愉悦和情感上的满足。木质饰品设计上注重形式给予我们很强的视觉冲击力，且不能脱离众多装饰艺术而谈形式，否则形式的渗透性会显得较为肤浅。

谈及日用木质饰品果盘的设计时，如果我们为了简洁而将木质饰品设计的理性意味凸显得过于浓厚，那么日常生活中长久的接触就会让人感觉疲累。因为，日用品自身属性就不属于理性的范畴，它从语意学上讲应该是生活的，轻松的，情感性的……。而通讯产品由于技术含量相对较高，在自身语意上体现的就是理性与科技性，它需要保证一定的稳定，所以将通讯产品装饰很花俏注定其产品生命的短暂。从上面两个例子我们可以看出，产品设计时应该考虑其自身的本质要求，木质饰品设计时应更多关注其装饰形态带给人的愉悦性。

木质饰品的设计和装饰始终以生活的、情感化的、个性化为目的，且朝着表现出强烈的艺术感、时代感、文化品味的方向发展。文化使得设计品具有超越它本身价值的吸引力，具有文化底蕴的设计品往往更能吸引人们的注意力。在未来的木质饰品设计中，我们更应该将其注入更多本民族的文化，以提升其文化内涵，增加产品的附加值。

3. 木制饰品的装饰图案

木质饰品的装饰图案不仅与物质材料相关，并且受到各种物质材料因素的限制，同时又浸透着一定的情感，表现其精神的意义形式。装饰图案与视觉、情感以及内在的意义组成了物质与艺术的双重表象，装饰图案更多地是为了表现产品的美观，而直接呈现于我们的眼前。木质饰品通过各种不同的形态、构造使其外表摆脱了单调，具有丰富感，它追求的是一种艺术的美。在现代木质饰品设计中，运用添加纹样和图形的装饰方法已经不是主流，而更多的是人为地营造一些细节，一些曲线，一些转折来满足视觉的丰富性和艺术性，即使表面平滑的木质饰品，我们也可以看到它会采用一些倒边或者圆润过渡来实现从平面到曲线的过渡。总之，设计师所有的努力就是不让其外表看上去像一个平面一样，毫无视觉变化和吸引，正是因为有了图案的锦上添花，使得木质饰品设计更有创作的空间。

木质饰品的图案生成有两种方式，一种是自然天成的图案，另一种是人工设计的图案。自然天成的图案具有无规律性，花样变幻无穷，人工设计的图案可以做到大规模的仿制。本文就木质饰品装饰图案常用的形式以图案形态构成的分法进行讨论，将木质饰品中常用的图案按形态构成方式分为以下几种：

(1) 偶发形态的构成图案

各种不规则的肌理，如各切面的木纹、搅动悬浮水面的油渍、彩墨纹、纤维编织的印迹等构成的图案。在木质饰品中，偶发形态指各种不同类别的木质材料所具有的不同纹样肌理效果，这类肌理的生成与木材树种，所处的环境温度和湿度，以及地域等诸多条件相关。

(2) 纯形态构成的图案

以纯形态符号，如点、线、面、体构成的平面、立体或综合的图案，常见于几何形体构成的日用品造型等。木质饰品设计中常用到几何形图案作为现代装饰元素，简洁而意味深长。

（3）自然形态构成的图案

以自然（相对具象）界中存在的造型、色彩、纹饰组成的图案，如以自然界的花鸟、动物、人物、山水设计的图案。在木质饰品设计中这类图案可采用写实或写意的方式出现，有模仿大自然的意味。

4. 木制饰品材料的选择

材料是木质饰品的肌肤，是实现各种木质饰品形态构成的物质保障。在造型艺术中，材料是实现造型艺术所使用的艺术载体，造型的过程就是用这些材料进行制作的过程。木材是大千世界中众多材料的一种，是我国先民最早将其应用到农业生产和物质文化生活的材料之一，最初的木质饰品使用的材料是以原始树皮、树枝、树叶为原始材料制作而成的。木质饰品的材料是其区别于其他材质的重要因素，同时木质饰品设计时需时刻紧扣木材的性质进行全方位的考虑（图 3–36）。

图 3–36

（1）原木材料的使用方法

熟练地运用木材自身特性，扬长避短地对其进行设计思量，才能更好地将木材之美与艺术之美很好地结合起来。在设计过程中，对设计的形式因素来说，当肌理与质感相联系时，它一方面是作为不同材质的表现形式而被人们所感受，另一方面则体现在通过先进的设计手法，创造新的肌理形态。不同的材质图形、不同的设计手法可以产生各种不同的肌理特效作品，并能创造出丰富的视觉表现形式。不同材料给人的视觉特性和触感是不同的，木材的视觉特性和触感需要通过其肌理、色彩、质地得以呈现。

①肌理

肌理是指材料表面纹理给人造成的心理反映和视觉感受，它是影响产品美与不美的重要因素。肌理不仅能丰富设计物的形态，还具有动态的、表现的审美特征和体现人类对美的创造性本能。一般情况下，肌理可以分为两种类型：触觉肌理和视觉肌理。触觉肌理是通过触摸可以感受的肌理，如材料表面的粗糙与光滑、硬与软、冷与暖等触觉肌理可分成快适的触觉肌理和厌恶的触觉肌理两种。自然天成的木质肌理纹样是道法自然的图案，这些图

案间大致相互平行，且少有交叉的线条构成，这些线条之间纤细浮动，变化无穷，形成各种天然的山水、风景图案，给人一种流畅、婉转、轻松自如的亲切感。这些纹样图案由于受生长时间、气候、周边环境等因素的影响，形成变化多端的图案，具有起伏运动感、韵律感，让观者觉得有一种生命的律动在里面，使受众感到生机与活力。木材这种富于变化的肌理能够传达出人的不同情感意绪，丰富的肌理以某种特殊的方式组成某种形式或形式间的关系，激起我们的审美情感（图 3-37）。

图 3-37

②质地

材料质地的感觉，它常通过触觉和视觉来反映。质地粗糙之物给人以厚重、温暖之感，而光滑的表面则让人有冷、硬之虑。质地不同给人的心理感觉也不相同。

③光泽

由于反射光的空间分布而决定的对物体表面的知觉的属性。光泽主要刺激人的视觉感受，它在人们的感官系统中占主导地位。光线不仅使人们看到五颜六色的颜色，还可使得材料产生凹凸感、光滑感。高光，它富有刺激性、给人光滑、坚硬之感，是光色变化的重点，不宜多用。亚光，它有柔和之感，给人以厚度和弹性之美，可作为大面积装饰。木材多属亚光材料，作为产品的主体材料可给人以平稳之感。

图 3-38

由于木材的生长条件不同，就算是同一树种中也找不出两块木质色泽、纹理完全一致的木材。由此可知，天然木材本身就是具备无可取代的装饰效果。

对于木质纹理美观、色泽良好的木材树种，在制作木质饰品时通常将其单独使用，单一的木材色泽及纹理就足以展现其极致之美，尤其是花梨木、紫檀木、鸡翅木等名贵木材，其纹理的细腻、润泽足以让人的心扉沉醉（图 3-38）。

对于材色相对较差、纹理不贯通的木材，若要在木质饰

品中展现其美丽的木质纹理，通常需将两种或两种以上木材拼合使用。这样的做法是为了不露痕迹地将审美与材质缺陷结合起来，达到双赢的效果。不同木材的拼合中通常采用对比手法做装饰，以体现色彩的深浅、粗滑感、多样的纹理等对比效果。这样的做法，使材质不论是从独立角度，或是从配合角度上都形成了很好的装饰效果。

（2）木质材料的创新运用

现代意义上的木质饰品设计创新是全方位的，设计师应该对与饰品设计相关的各要素都有全局性的掌控。设计创新已不再局限于对形态的创新，而更多的是从材料、结构、工艺上着手，设计师应该立足本行业，考虑新材料、新结构、新工艺的设计应用，它们是饰品创新的必要途径。木质饰品材料创新设计是设计师对木材特性熟知的结果。一种新型的材料往往能带来设计的进步和变革。

①木质碎料、木屑在木质饰品生产上的再利用

现有木质饰品多利用实木与人造板的线型材、面型材、块型材制作而成，或是这些型材间的组合应用，必要时配合其他的辅助性装饰材料进行制作。针对这些木质材料加工过程中产生的大量碎料、木屑再利用来生产木质饰品，既能有效地减低生产成本，又能创作出新颖独特的木质饰品种类。

当前，木制品生产过程中产生的大量木碎料、木屑还缺乏对其合理的利用，在木质饰品生产中可以对其进行适当的利用，以生产出具有特殊艺术效果的木质饰品（图 3–39）。木屑是粉末状的木颗粒，这类材料经过染色处理，配合适当的压制工艺，可形成造型美观、风格迥异的装饰画。或先将木屑进行染色处理，然后对其添加适当的香味，再将其装入透明材质的瓶内，既可以起到装饰作用，又具有香薰的效果。还可对木材碎料进行再次刨削以形成薄片状的木丝，这类木丝往往由于厚薄的差异，其弯曲弧度也各不相同，若对其进行染色后装入透明的玻璃或有机塑料瓶中可形成美观的家居或人体装饰品。德国美学家本雅明认为传统的艺术生产方式使得艺术品有一种特别的“韵味”，即“久远的独一无二的珍品”，想必从不同的角度解读传统的材料也可以形成独具魅力的木质饰品。

图 3–39

②木材“刮筋”的特殊肌理效果在木质饰品上的应用

所谓“刮筋”处理，就是依据木材早、晚材硬度不同的特点，选用专用的切削设备和刀具对木材表面进行“刮削”加工，使木材表面形成一种特殊的质感效果。这种表面处理方法已被广泛应用于木材、金属、石材等材料表面。大量的实践研究证明，“刮筋”处理能使材料表面产生出与众不同的肌理特征，获得美观的装饰效果。常用的刮筋是针对早晚材的表面硬度进行不同的刮筋处理，多采用直纹理刮筋方式。若能再对木材进行早晚材成弧度的刮筋处理，则能产生更为丰富的艺术化效果。这样的木材用于木质饰品设计，且不必对其造型进行多独特的设计，也定会具有很好的装饰效果。

5. 木质饰品的装饰技法

木质饰品的装饰是一种艺术形式，实现装饰的技法是达到装饰效果不可缺少的手段。从古至今，用于木质饰品上的装饰技法形式多样，装饰繁简皆宜，装饰手段上有手工的方式，也有机械的加工。在很多时候装饰与功能零部件的生产同时进行，有的则附于功能部件的表面之上。一般来讲，木质饰品的装饰技法有造型装饰和表面装饰两种。造型装饰是指通过一定的装饰技法将材料做出相应的造型形态的方法，如圆雕、车木技法等。表面装饰是指将一些装饰性强的材料、部件直接贴附在木质饰品形态表面（涂饰、镀金等技法），或通过一定的加工手段（镶嵌、烙画等技法）赋予木质饰品表面装饰特征，从而改变其形态特征（图 3-40）。

图 3-40

木质饰品的装饰技法较多，为了达到更好的装饰效果，很多时候需要将多种技法结合使用。现代木质饰品装饰技法较之传统装饰技法要简洁，主要通过其色彩和肌理的组织对饰品表面进行美化，从而达到装饰的目的。现代木质饰品的装饰形式和装饰程度，由木质饰品的材质、风格和档次决定。传统的木质饰品用材多为实木，常用雕刻、髹漆、雕漆等手工技法做装饰。现有木质饰品的装饰技法在总结前人优秀的加工手段上实现了更为简洁、便利的方法进行制作，如蚀刻技法就是类似于雕刻加工的技法，但却更加省时省力。

三、编结器物

中国历来就是一个物产丰富、人杰地灵的地方，于是从几千年的手工业发展中精炼了种类繁多且巧夺天工的手工艺。人们不仅善于用材，也在因材施艺的过程中不断发展和总结了精湛的技艺，编结工艺就是其中一种（图 3-41）。

图 3-41

提起编结工艺,它其实包含的范围很广。

就材料来说,从竹、藤、柳、草等天然原料到各种合成纤维;就强度来讲,硬到金属,软至棉麻;就成品形态来讲,平面、立体各领风骚。我国天然植物编织品是利用农作物、野生植物的皮、杆、茎、叶等编织而成,主要原料包括玉米皮、蒲草、麦草、水草等草本植物及麻、棕丝、柳条、竹条、竹篾、白蜡杆、藤等。人们利用这些材料,不仅能编制成筐、篮、垫、器皿、门帘、屏风,还能编制成各种不同类型的工艺品、高雅的家具、美丽的壁毯、壁挂……令人赏心悦目,美不胜收。到了近现代,人们逐渐被这种具有特殊表现力的材料所折服,于是把这种运用材料的工艺更加艺术化、人性化,使之成为一种特殊的艺术门类。现代人把以天然的动、植物或合成纤维为材料,用编织、环结、缠绕、缝缀等多种制作手段,创造平面、立体形象的艺术统称为纤维艺术(图 3-42)。

图 3-42

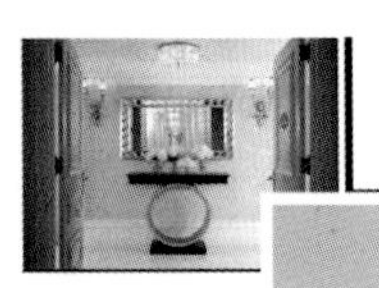

人类使用纤维材料编结成器的历史相当久远。在中国,早在约 10 万年前的远古人类已经开始剥制和利用麻类植物的茎皮以制作绳一类的东西。大约公元前 5000 年,在非洲的尼罗河流域,中国的黄河、长江流域及南亚的印度河流域等人类文明的发源地的居民们就已经开始就地取材进行纺织生产。从工艺上而言,纺织中的织造技术是从制作渔猎用的纺织物网罩和编制品筐席而发展起来的。《易・系辞》谓伏羲氏"作结绳而为网罩,以佃以渔",结绳为网与用竹、藤、柳等材料编结筐席是原始居民的一项重要的生产劳动和生活内容。在新石器时代的考古发掘中,就发现许多编结物的痕迹,距今 7 000 多年前的浙江河姆渡也出土了编制精美的芦席残片及竹编织的遗物。

1. 编结器物的特性

编结工艺制品之所以历史悠久并应用至今与它的实用性、耐久性及美观性三大特性密不可分。

(1)实用性

编结的主要工艺手法就是通过材料的穿插、缠结、搭压连结而成,无论平面还是立体器物都离不开这种基本手法,而这种连结方式正体现了编结之精髓所在。这种我中有你、你中有我的连结方式使得羸弱的单股材料有了力的结合,从而使成器结实耐用。特别是各种立体器物如家具、筐篮,除了自身有力牵制还围成封闭或半封闭的空间,这就使得所有的着力都互相作用,产生了强大的张力,使器物更加耐压、耐撞。

(2)耐久性

编结器物包罗万象,大至家具、屏风,小至瓶罐,都和人们的日常生活密切相关。特别是古代,它几乎占据了载物器具的主体。即使是现在它仍是耐用且环保的好东西。俗语说:"竹篮打水一场空",而晚清时期浙江东阳谷岱村的竹编大师马富进以蔑丝紧编法编出的酒杯滴水不漏。这样精湛的技能使得编结器物的功能也大为增强。

(3)美观性

编结工艺的各种穿插、交织花样无数,器型千变万化,风格自是各不相同。有的精巧细腻,有的粗犷豪放,有的生动瑰丽,有的精致典雅。因为纤维的经线和纬线可以随心所欲地在不同空间突现或隐失,使人觉得神秘莫测,同时天然材料又给人一种强烈的亲和力,而这种矛盾也正是它的魅力所在。我们可以从大型竹编制品中体会到线的穿插构成是力与美的象征,同时也不能否认灵巧的中国结中巧夺天工的匠心。总之,编结艺术所造就的平面构成、立体构成永远在传统与现代之间保持着和谐的平衡关系,有着经久的美学价值与耐看性。

图 3-43

2. 编结器物的材料

中国传统的编结器物就材料而言可分为以下四大类:竹器、藤器、柳编器及草编器(图 3-43)。

（1）竹器

其中以竹编器具为大类。以地方著名者有浙江嵊县、东阳、文成的竹编，四川安岳、枭庆的竹编，福建宁化的“竹丝器”和永春的漆篮。还有湖北广济的“武穴竹家具”，湖南益阳的“小郁”和“大郁”竹家具。

无论是精美多姿的浙江竹编，还是古朴庄重的福建竹编，抑或是细巧精雅的四川竹编，由于竹编纹样的千变万化，成器也是气象万千。竹器家具大多仿制木制家具的造型，而和明式家具更有一脉相承的继承关系。在具体制作中，竹家具要经过骨架的弯曲成型，加固装饰和面料的竹条拼排三个过程。骨架是起支撑作用的。艺人们利用竹材高温下受力弯曲，冷却定型的原理，将竹材弯成圆形、椭圆形、抛物线等形状，然后再精心榫合成各种家具的骨架。骨架不仅决定了家具的长宽、高低，而且是家具是否隽美秀气的关键。骨架雅致秀美，家具才能给人以美的享受。加固骨架一般是在需要着力的骨架竹秆的两侧用多根竹进行相并，这样一来既可以增加家具的负重力，又在外观上使纤细的骨架显得宽厚整齐，富有节奏的变化。从实用意义来讲，也使人更为舒适。为防止骨架的变形，艺人们在骨架的空隙处，利用方圆、曲直、长短、高低、宽窄、疏密、虚实、深浅等对比关系，镶接斗拼上各种竹节的“托牙花格”使大骨架中融有小骨架，也使竹家具更为秀美多变。竹面的铺排在装饰和实用功能上都有突出的作用。它们或紧密排列，毫无缝隙，或间距排列，工整疏朗，在这里，竹条的排列和骨架之间又形成了线面、横竖、疏密的对比，大大丰富了竹家具的装饰效果。

竹编器物的另一大类就是兼实用性与欣赏性为一身的竹编容器，包括竹篮、竹盘与工艺竹花瓶。

传统的民间工艺竹筛造型挺括，方中见圆，圆中带方。同时，它们的编织极为精细，花费工时较大。在编织法上有挑压编、拉花编、实编、空编等。盖面往往用精选的薄杉木板，涂一层黑漆或深棕漆，再用金漆或银漆描绘出山水、人物、花鸟等图案。篮子的手柄也是十分别致，一般由一根主柄和两根支柄构成。有的雕龙刻凤，甚至用黄铜嵌脚镶边，极尽奢华之能事。传统竹篮又包括很多种：套篮、食篮、香篮、花篮等等。现代工艺竹篮形式更趋多样化，除了圆形、椭圆形、方形、六角、八角等规则形，还增加了动、植物等不规则形状，让人们观赏时，不仅有形趣，更有意趣。

竹盘的种类也同样是丰富多彩。除了大家耳熟能详的规则形盘，还有扇盘、喇叭形盘等。况且在编织花样上也是多种多样，如十字编、龟背编、弹篾编、绞丝编、插筋编等。不同的编织方法，不同的花样，再加上篾丝篾片不同的组合方式，构成了不同风格与不同用途的竹编盘。

工艺竹花瓶也有传统型与现代型之分。传统的竹编瓶一般以旋转型为主，颈细肚圆，有的花瓶颈部两侧的内凹处镶配有耳环，这些耳环的形状一般是卷曲的，线条流畅自如，使花瓶的外轮廓更显秀丽。这种形式的竹花瓶在稳重端庄中又含有别致与俏皮，流露出古代人们眼中既粗犷质朴又雅致精巧的审美方式。现代工艺竹瓶的形式就包罗万象了，最典型的就是人们喜闻乐见的动、植物及简洁大方的几何型。

（2）藤编器

藤编器中的大类应该是藤制家具了。因为藤本身集柔、韧、易加工、可漂白等特性于一

身，所以，现在的藤制家具仍被人们所青睐而且价格不菲。在欧美一些国家，藤家具作为一种复古风潮的代言人走进了人们的时尚生活。这类家具主要包括沙发、藤椅、茶几、床及一些花架等。由于藤本身具有的隔凉隔热的天然特性，其柔韧性又使人联想到具有友好、联系的亲和性，作为家庭生活用品，这种人性化的体现与现代社会中的各种硬性材料给人的疏离感、冷漠感形成了强烈的对比。它们的形式也大多采用简洁、明朗的外廓，编织花样单纯统一，颜色素净。在重视天成的同时，又融入了现代意识。

（3）柳编器

柳编工艺也是我国传统的民间工艺之一。它以柳条为主要原料，通过特定工艺编织方式，制成各种实用与工艺相结合的器皿。

在新石器时代的初期，柳编制品不但是人们主要的日常用具，而且是人类历史上最早的炊具之一。那时，人们用柳条编成圆形器皿，外面涂上泥巴。再将日常捕获的食物放进柳编容器中，用烧热的石头把食物烙热，即所谓“石烹法”。后来就直接在涂了泥巴的柳编容器下面用火烧煮食物。可以说，这种“柳棬”就是现代各种锅的鼻祖。在战国时期，见于史籍的柳编制品，最著名的要算“柳棬”了。“柳棬”就是把用柳条编制的各种日用器皿用漆再加工，也可以称为是柳胎漆器的一种。宋代以后，柳编工艺品广泛地应用于生产、生活的各个方面，现今农村使用的各种柳编制品那时基本都已应用。北宋画家张择端在《清明上河图》中，就记载了许多当时平民常用的柳编制品。与现今我国北方常用的柳编民具基本相同。

柳编提篮是柳编制品中款式最多的种类之一。主要有椭圆形凹口整柳提篮、椭圆形复合口整柳提篮、长形复合口劈柳提篮、椭圆形劈柳绕花提篮、圆形单向拉花口整柳提篮、半圆形柳皮挂篮等等。盘类柳编工艺品是指帮矮、没有提把的柳编制品。具代表性的有细柳绞圈口圆形盘、八角形整柳盘、长方形单向拉花盘、椭圆形柳皮六角眼稀空编织盘、圆形经柳互绞盘等。椭圆形敞口洗衣筐、柳条提箱及一些日用橱品。因为自身的实用性，不仅在农村被广为利用，也因其外形大方、质朴而深受城市居民的喜爱，人们在家中的地板上随意地摆一些柳筐放些书籍等杂物，从而使家中也变得更有温情，可见，柳编制品的实用价值与情感价值是密不可分的。

（4）草编器

我国是世界草编工艺品的主要生产国。主要有以下几大类：席类，因其挺滑凉爽，一般用于夏日御热用品。草帽类，手工编织帽做工精巧，纹理美观，镂空透气而深受人们喜欢。提篮类，因选料不同，又可分为玉米篮、麦草篮、竹壳篮、黄草篮等。玉米篮洁白粗放，麦草篮光洁细腻，不同材料就有着不同风格。在中国，不同地方就有不同风格的编织制品，北方的粗犷一些，南方的雅致一点。我想这其中仍有人的个性的因素存在。

3. 现代纤维艺术

除了中国，日本、韩国及东南亚一些国家也生产编结制品，特别是日本。因为日本文化本身有很大一部分都来自中国，而日本又是一个可以将外来文化发展并完善到极致的民族，所以，日本人将天然材料编制品中有机地融入了现代感，在创造经济效益的同时，也提高了其艺术性与观赏性。还有一些非洲国家还保留着一些原始的编结方式，我们现在看来仍为其朴素甚至天真的审美而感动。在欧美等发达国家，家具及一些日常用品是编结生产的主体，另一方面就是从 19 世纪下半叶欧洲的工艺美术运动和新艺术运动所掀起的现代纤维艺术的热潮。从 20 世纪四五十年代的一些编织物的设计已经暗示了抽象艺术的倾向，一些作品明显受现代绘画和雕塑的深刻影响。由于现代艺术自身的发展变化也融入纤维艺术中来。作为现代设计艺术摇篮的包豪斯，对纤维材料的运用和设计成为其生产设计中最为成功的领域。包豪斯织物风格的典型特征之一是反对 19 世纪后期以来的图案模式和新艺术的壁挂风格。在包豪斯的作品中，这些看上去与传统纤维艺术作品没有太大改变的背后，却贯穿着包豪斯艺术家们对纤维艺术的独特理解和追求，使他们在使用纤维这一材料的艺术中，发现了触觉对于艺术的意义，发现了纤维的构造性和可能性。现代艺术家们注重纤维材料的本身所散发出的信息更甚于其形式，可以说，现代纤维艺术已经忽略了编制品的物质功能而是更深入地去挖掘其精神价值。它承载的不再是简单的物质而是逐渐成为一种精神载体。我们可以从各种各样的软雕塑及编结情趣中体会到艺术家想要传达给人们的信息。传统的纤维艺术是传承文化脉络的一支载体，传达着无限久远的文化内容和对于历史的记忆，使人联想到过去。而现代纤维艺术则更侧重于人们内心世界中对于过去的这种联想以及对于未来的展望与表达。无论如何，纤维艺术因其材料的特殊性和手法的多样性成为让人永远捉摸不定又使人爱不释手的一种艺术门类（图 3-44）。

图 3-44

纵览中外编结工艺的发生、发展，还是离不了前面提到的“材美”、“工巧”。因为有这样的美材，祖先又一辈辈积累下来这么精湛的巧技，才让现代的人们有基础去做更多的尝试与努力。无论是朴素、淳厚的古风器型，还是愈来愈抽象化、符号化的现代设计，都是基于编织、编结这一基础行为。那么，对于这集物质与精神为一体、同时又具有人性化特点的东西，我想，只要社会中人的关系构建还是同编结一样，建立在互相支撑又互相制约的关系之上，编结艺术就不会消失。

四、花艺

在家庭装饰花艺设计中，质感的变化起着重要的作用。花艺设计包含了雕塑、绘画等造型艺术的所有基本特征，是一门不折不扣的综合性艺术，因此花艺设计中的质感变化，也是影响整个花艺创作的一个重要元素。质感的一致创造出了和谐的观感，但相同的质感只是一种模仿，是绘画与雕塑中为了达到与现实雷同而做出的一种努力。在实际的应用中，还有很多情况需要我们做出与周围环境有所区别的设计，因而需要做出质感的对比，这种对比往往能够成为装饰设计中的亮点。

在色彩质感比较丰富的环境中进行花艺设计时，质感元素应该是越协调越好；反之，如果是在一个色彩质感一致或是有一点沉闷的环境中，就应该用质感对比强烈的手法来打破这种沉闷，就像黑暗中的一道闪电，使人为之一振。

1. 居家插花

花艺是装点生活的艺术，是将花草、植物经过构思、制作而创造出的艺术品。花艺最重要的是讲究花与周围环境气氛的协调融合。这其中，居家插花是一种常见的、备受人们喜爱的饰家艺术。闲暇之余，信手拈来，"被遗忘的角落"也可以是主人发挥想象力的好去处——桌上摆花、墙角搁花、空中悬花、落地置花等。

图 3–45

居家插花讲究的是空间构成。一件花艺作品，在比例、色彩、风格、质感上都需要与其所处的环境融为一体。

插花从总体上可以分为两种，一种是以中国、日本等国为代表的东方风格插花，另一种是以欧美国家为代表的西方风格插花。这两种插花风格有着较明显的区别。

（1）东方风格插花

中国和日本等国的东方式插花，崇尚自然，朴实秀雅，富含深刻的寓意（图 3–45）。

其特点为：

●使用的花材不求繁多，只需插几枝便能起到画龙点睛的效果。造型较多运用青枝、绿叶来勾线、衬托。常用的枝叶有银柳、火棘、八角金盘和松树等。

●形式追求线条、构图的完美和变化，崇尚自然，简洁清新，讲究"虽由人作，宛如天成"之境。遵循一定原则，但又不拘成法。

●插花用色朴素大方，清雅绝俗，一般只用 2 ～ 3 种花色，简洁明了。对色彩的处理，较多运用对比色，特别是利用容器的色调来反衬，同时也采用协调色。这两种处理方法，通常都需要用枝叶衬托。

（2）西方风格插花

西方风格的插花，注重色彩的渲染，强调装饰的丰茂，布置形式多为几何形体，表现为人工的艺术美和图案美（图 3–46）。它的特点如下：

●用花数量多，有繁盛之感。一般以草本花卉为主，如香石竹、扶郎花、百合、马蹄莲和月季等。

●形式注重几何构图，讲究对称型的插法，有雍容华贵之态。常见半球形、椭圆形、金字塔形和扇面形等形状，亦有将切花插成高低不一的不规则形状。

●色彩力求浓重艳丽，创造出热烈的气氛，具有豪华富贵之气。花色相配，一件作品较多采

图 3–46

取几个颜色组合在一起，形成多个彩色的块面，因此有人称其为色块的插花。亦有的将各种花混插在一起，创造五彩缤纷的效果。

（3）插花色彩的配置

插花色彩的配置，具体可以从三个方面进行研究：一是花卉与花卉之间的色彩关系；二是花卉与容器之间的色彩关系；三是插花与环境、季节之间的色彩关系。这三方面的关系若能正确掌握，插花配色就能得心应手了。

花卉与花卉之间的色彩关系，可用多种颜色来搭配，也可使用单色，只要配合在一起的颜色能够协调。插花中青枝、绿叶起着很重要的辅佐作用。枝叶有各种形态和色彩，运用得体就能收到良好的效果。

花卉间的合理配置，还应注意色彩的重量感和体量感。色彩的重量感主要取决于明度，明度高者显得轻，明度低者显得重。正确运用色彩的重量感，可使色彩关系平衡、稳定。

色彩的体量感与明度和色相有关，明度越高，膨胀感越强；明度越低，收缩感越强。暖色具有膨胀感，冷色则有收缩感。在插花色彩设计中，可以利用色彩的这一性质，在造型过大的部分适当采用收缩色，过小的部分适当采用膨胀色。

花卉与容器的色彩要求协调，但并不要求一致，主要从两个方面进行配合：一是采用对比色组合；另一是采用调和色组合。

冷暖对比也是花卉与器皿配色的主要方法。采用冷暖对比的色彩，效果会显得生动起来。一般情况下，插花器皿的颜色是深色的，花可插浅或淡色，以便形成对比。运用调和色来处理花卉与器皿的关系，能使人产生轻松、舒适的感觉。方法是采用色相相同而深浅不同的颜色处理花卉与器皿的色彩关系，也可采用同类色和近似色处理。插花还可以利用中性色进行调和，如黑、白、金、银、灰等中性色的花器对花卉也具有调和作用。

插花的色彩要根据环境的色彩来配置，在环境色较深的情况下，插花色彩以选择淡雅为宜，环境色简洁明亮的，插花色彩可以用得浓郁、鲜艳一些。

插花色彩还要根据季节变化来运用。春天里百花盛开，争芳夺艳，万紫千红。此时插花可选择色彩鲜艳的材料，给人以轻松活泼、生机盎然的感受。夏天，插花的色彩要求清逸素淡、明净轻快，适当地选用一些冷色调的花，给人以清凉之感。到了秋天，满目红扑扑的果实，遍野金灿灿的稻谷，此时插花可选用红、黄明艳的花作主景，与黄金季节相吻合，给人以兴旺的遐想。冬天的来临，伴随着寒风和冰霜，这时插花应该以暖色调为主，插上色彩浓郁的花卉，给人以迎风破雪的勃勃生机。

就东西方花艺特点而言，西方的花艺，花枝数量多，色彩浓厚且对比强烈；而东方的花艺则花枝少，着重自然姿态美，多采用浅、淡色彩，以优雅见长。

2. 插花器皿

插花器皿品种繁多，数不胜数。插花造型的构成与变化，在很大程度上得益于花器的形与色。就其造型而言，花器的线条变化限制了花体，也烘托了花体。除了常用的花瓶、花篮和花盆之外，凡是能与之搭配并能烘托一种艺术情趣的，均可取之一用（图 3-47）。

（1）玻璃花器

玻璃花器常见有拉花、刻花和模压等工艺，车料玻璃最为精美，由于玻璃器皿的颜色鲜艳，晶莹透亮，已成为现代家庭的必备装饰品。

图 3-47

（2）塑料花器

塑料花器是比较经济的道具，价格便宜、轻便且色彩丰富，造型多样，设计用途广泛。塑料器皿用于插花有独到之处，可与陶瓷器皿相媲美。

（3）陶瓷花器

陶瓷花器具有精良的工艺和丰富的色彩，美观实用，品种繁多，是中国的传统插花容器，颇受人们的喜爱。装饰方法上，有划花、浮雕、开光、点彩、青花等几十种之多。有的苍翠欲滴、明澈温润，有的纹彩艳丽，层次分明。

（4）藤、竹、草编花器

用竹藤木制成的花器，具有朴实无华的乡土气息，而且易于加工。形式多种多样，因为采用自然的植物素材，可以体现出原野风晴。

（5）金属花器

由铜、铁、银、锡等金属材质制成，给人以庄重肃穆、敦厚豪华的感觉，又能反映出不同历史时代的艺术发展。在东、西方的插花艺术中，它都是必不可少的道具。

3. 家庭花艺设计

一般家居中的不同空间，如客厅、休闲室、餐厅等，都有着不同的花艺设计（图 3-48）。

图 3-48

（1）客厅花艺设计原则

客厅是家庭装饰的重点区域，不要选择太复杂的材料，花材的持久性要高一些，不要太脆弱。客厅茶几、边桌、角几、电视柜、壁炉等地方都可以设计花艺。在一些大位置的角落，如壁炉、沙发背后也可以设计花艺，但要注意高度，如茶几上的花艺就不宜太高。

可选的花材品种有百合、郁金香、玫瑰、红掌、兰花等。

色彩方面，可选择红色、酒红色或香槟色等，尽可能用单一色系，过年可选用中国红，比较喜庆、稳重。如有需要，可选用绿色叶子当背景花材，并适度使用与节日相关的装饰品，用缎带、包装纸、仿真花串、蜡烛等做陪衬装饰配件。

气味方面，可选用有淡香的花材。

（2）餐厅花艺设计原则

对比客厅，餐厅花艺设计的华丽感更重、凝聚力更强。轻松的宴会，可将单朵或多朵花插在同样的花瓶中，多组延伸，并根据人数的多寡，对花瓶有弹性的增减；正式的宴会，可在餐盘上放一朵胸花，作为给客人的礼物，花的底部可以衬锡箔纸，餐桌上可洒一些花瓣、玻璃珠，点缀气氛。

餐桌花艺不宜太高，不要超过对坐客人的视线。圆形的餐桌，可以正中摆放一组，也可以以餐桌正中为中心，三角形摆放三组小型花艺；长方形的大餐桌，则可以水平方向摆放花艺。

餐桌的花器选择要注意：选用能将花材包裹的器皿，以防花瓣掉落，影响到用餐的卫生。

正式宴会常选用的花卉品种有玫瑰、百合、兰花、红掌、郁金香等。

早餐桌常选用的花卉品种有茉莉花、玫瑰花、太阳花（非洲菊）等。

（3）起居生活厅花艺设计原则

起居生活厅是家庭成员休息活动的空间，花材选择可更自然、更生活化，装饰气息不需太浓厚。在视觉上应让人感觉温和，最主要是与主人的想法契合，即可以即兴将家里的任何角落点缀得生气勃勃，充满节日气氛。

起居生活厅花艺设计要注意：该区生活功能强，生活用品较多，不适合太复杂的饰品和插花。

可选品种有木百合、鸡冠花、紫罗兰、玛格丽特、康乃馨、马蹄莲、向日葵、满天星等。

第四章 基于现代软装风格下的家居饰品选择

一、中式风格

中式风格是以清、明宫廷古典建筑为基础的室内装饰设计艺术风格，它的构成主要体现在明清传统家具、民族特色装饰品及以黑、红为主的装饰色彩上。

中式风格融合了庄重与优雅的双重气质。总体布局对称均衡、格调高雅，造型简朴优美、端正稳健，色彩浓重而成熟、讲究对比；材料以木材为主，在装饰图案上崇尚自然情趣（如花、鸟、鱼、虫、龙、凤、龟、狮等图案），精雕细琢、瑰丽奇巧，充分体现出中国传统美学精神。

在细节装饰方面，中式风格很是讲究，往往能在较小面积住宅中营造出移步换景的装饰效果。这种装饰手法借鉴于中国古典园林，能给空间带来丰富的视觉效果。中国传统居室非常讲究空间的层次感，空间多用隔窗、屏风来分割，用实木做出结实的框架，以固定支架，中间用棂子雕花，用实木雕刻成各式题材古朴的造型，打磨光滑，富有立体感。

在饰品摆放方面，中式风格是比较自由的，传统室内装饰品包括字画、匾幅、挂屏、盆景、瓷器、屏风、博古架等，深具文化韵味和独特风格，体现中国传统家居文化的独特魅力。这些装饰物数量不多，在空间中却能起到画龙点睛的作用，凸显主人的品位与尊贵。

（一）新中式风格定义

新中式风格是指中国古典陈设在现代背景下的重新演绎——它以功能性的空间划分和家具用途为基础，吸收古典样式的陈设，它不是复古元素的简单堆砌，而是以现代的眼光理解中国传统的审美趣味。这种风格追求的是中式元素和现代材质的和谐与统一，是最能体现中式沉重内敛的本质特色。为了适应现代装饰的要求，将古典风格融入现代生活，就会打造轻松和谐的色彩和气息。

新中式是中国传统文化在现代背景下的演绎，在室内布局、家具造型以及色调等方面，吸取传统装饰的“形”与“神”，以传统文化内涵为设计元素，革除传统家具的弊端，去掉多余的雕刻，糅合现代家居的舒适与简洁，以现代人的审美需求来打造富有传统韵味的空间，体现中国数千年传统艺术，营造出一种淡雅的文化氛围。

图 4-1

图 4-1 中，鸟笼、太师椅、储物盒、青花陶瓷壁画将中式风格表现得淋漓尽致，而太师椅上柔软舒适的靠垫，又使得传统韵味十足的太师椅更符合现代都市人的使用习惯，新中式风格在这些装饰品中静静地演绎着。

在新中式装饰风格的住宅中，空间装饰多采用简洁、硬朗的直线条，有些家庭还会用具有现代工业设计色彩的板式家具与中式风格的家具搭配使用。直线装饰在空间中的使用，不仅反映出现代人追求简单生活的居住要求，更迎合了中式家居追求内敛、质朴的设计风格，使中式风格更加实用、更富现代感。

新中式通常只是局部地采用中式风格处理，大体的设计还是趋向简洁。中式客厅考虑到舒适性，也常常用到沙发，但颜色以及造型仍然体现着中式的古朴，而新中式风格的表现却使整个空间传统中透着现代，现代中包含古典。墙壁上的字画数量不多，但能营造一种意境，这样就以一种东方人独特的“留白”美学观念控制节奏，显出中式环境中独具文化意蕴的大家风范。挂画不宜采用西洋画或者风景画，舒缓的意境始终是东方人独特的情怀，因此书法常常是成就这种意境的最佳手段。

（二）新中式风格的特点

1. 中正平和之美

图 4-2

在古代，待客空间和私人空间是严格区分开的，厅堂的设计体现礼仪制度多于舒适，因此陈设讲究对称和端正，室内家具以临窗迎门的桌案和前后檐炕为布局中心，配以成对的几、椅、橱、柜、架等，体现出严谨划一的秩序感。

今天的人们可忍受不了这样的平面布局，但是设计师通过强调对称的摆放方式，或者移用局部的搭配——如成对的桌椅，把这种儒家提倡的中正平和之美延续到居室中。除此之外，我们还可以享受到对称布局带来的空间宽敞性，如图 4-2 所示，家居和陈设的对称摆放，体现出大空间的端庄感。

2. 文雅野逸之趣

文人雅士把对佛教、道教和对自然的理解融入艺术中，其园林和室内装饰更重视意境的创造，布局灵活多变、错落有致，是居住者高洁意志的外在显形。进而形成的一系列经典的陈设搭配——雅集用的家具、文房四宝、各式把件等巧妙地结合在一起。这种文人式审美与现代的自由平面摆放有异曲同工之妙，设计师运用起来更加得心应手（图 4-3）。

3. 民间艺术之奇

民间艺术曾被认为难登大雅之堂，如今它们新奇的地方样式为新中式软装的多样化提供了充分的灵感来源。蓝印花布、少数民族刺绣、玩偶等这些或稚拙或华丽的民间艺术比精致的正统艺术更具视觉活力，通过与传统家具的混搭，能在中式风格的特征上营造出地域特色（图 4-4）。

图 4-3

图 4-4

（三）新中式风格的色彩

中国的建筑和家具以各种木料为主，又因为古典中式着意在室内营造庄重、宁静的感受，因此古朴沉着的暖棕色、黑灰色是最正统的室内设计主色调。当下的设计师得益于更丰富的木色和现代主义的审美观，各种中性色被灵活地运用在设计中。

在藤与木构成的世界里，地毯和布垫温暖的颜色创造了一种友好祥和的气氛，连其中点缀的小饰品，也仔细地不去破坏这种气氛（图 4-5）。

图 4-5

另一个色彩体系是在中国文化传承中形成的观念性色彩，譬如来自皇家的明黄、来自喜庆的大红、来自青花瓷的蓝色、来自水墨的黑色等，它们具有鲜明的可识别性和符号意义，以其承载的中国隐性文化来表达中式的感觉。中国红大胆地用在墙面上，雕梁画栋的罗汉床和明黄色龙纹地毯，是设计师从清代艺术中汲取了灵感（图 4–6）。

图 4–6

（四）新中式风格中的布艺

新中式风格室内设计中，通过提取中式文化符号与新中式风格的特点等，对表现中式的场所作必要的提示，并把这些运用在布艺中，从而使人感到布艺设计中的地域感及场所感，并体现中式风格的个性。但软装饰要与室内其他软装饰及硬装饰相互配合，经过合理的运用与调节，从而获得有主次、动静、虚实、疏密、聚散等多种变化的整体和谐美感。装饰中，织物借助其图案、色彩、材质的效果，协调整个室内的风格基调。因此，布艺自身独特的属性为新中式风格的营造提供了依据。

图 4–7 中，吉祥的圆形中式图案不断重复在床上用品的整体布艺造型中，无形中成为耀

图 4–7

眼的视觉焦点。当床上用品用色繁复时，床角的折边则需注意保留其方正的手边，以保持平整、舒适、干净的整体铺设效果，这在软装的收边中相当重要。

图 4-8 新中式卧室整体设计

新中式风格的布艺色彩和花型，更加直接地反映了本民族的传统，更具有浓厚的民族气息。布艺主要体现在对中国传统纹样的运用上，中国传统纹样多不胜数，主要分为几何纹、植物纹、动物纹、人物纹、器物纹和文字纹六大类，由此可看出中国传统纹样都是对具象的表现主题进行抽象化表达，讲求的是对称与均衡。它们蕴含着吉祥如意的含义，寄托了人们对居室和生活的祝福。

图 4-8 中，新中式的卧室风格由装饰墙面与床上用品共同打造。此案例中，把装饰建筑的构建做成镶板装饰床头的墙面，这种手法是新中式风格中常用的一种装饰手段，使用时，设计师要注意装饰纹样的简繁搭配。在软硬装饰的协调上，设计师考虑周全，连寝具中枕头的花纹也与镶板做了呼应。

因此，靠垫、地毯和窗帘等必须在颜色和图案方面呼应主体风格，才能展现出和谐的效果，通常丝质和刺绣的布艺更受到青睐，因为它们能很好地体现出新中式风格的典雅。

（五）新中式风格中的装饰品

中国传统饰物不仅追求饰物的造型与装饰，还追求舒适的作用。即使在当代，传统饰物依旧是适用的。在中式风格的软装打造中，中式传统饰物往往可以起到画龙点睛的作用。

图 4-9

建筑构件为新中式风格的陈设提供形式和审美上的铺垫，门、窗、隔扇、门柱等式样和纹样，蕴含着中国最美的形式构成，从建筑主体上分解出来，并披上现代主义的形式外衣，作为隔断、饰板等被移用到室内，体现出现代与传统的融合。

在古代，工艺品除了实用和装饰的作用，还有许多是为了私下的品鉴和把玩，因此中国传统的工艺品多种多样——字画、匾幅、瓷器、青铜、漆器、织锦、扇子、木雕、民间工艺等，样式更是包罗万象。家中的陈设品通常是寄托祝福或托物言志的载体，对称是首要的美学法则，而博古架和条桌则是最主要的陈列家具（图 4-9）。

中国传统室内装饰陈设包括字画、匾幅、瓷器、古玩、屏风、博古架等，追求一种修身养性的生活境界。细节上崇尚自然情趣，花、鸟、鱼、虫等精雕细琢，富于变

化，充分体现出中国传统美学精神。

在深长的空间如想增加镂空、透视隔间的效果，屏风是不错的选择。屏风还可随时根据需要空间的深浅度做弹性移位，可以有三片、五片、七片的组合，可依照空间比例的大小和需要选择数量，但至少应将放置屏风空间中的一半作为通道，形成足够两个人同时通过的空间。

中式屏风具有多种用途，可以当床背景，在入口玄关与客厅起隔断的作用，也可以当做装饰角落、锐角或深度空间的隔断。最常用的是代替壁画置放在沙发背后或用作床头板，让空间产生跳跃式的多层格局。

图 4–10 中，园林庭院的月洞门移置到室内成为半开放式的隔断，区分开功能区又保持了视觉上的开阔感，设计师围绕着它设置了一组陈列摆件等软装饰品，将月洞门在某种意义上定义为了取景框。

图 4–10　新中式设计 园林庭院

新中式风格继承的虽然是传统的语汇，但在摆放方式上更趋向现代主义的自由形式。你可以在空间的视觉焦点展示最具中国特色的陈设品，以凸显新中式风格。而陈设品的风格应与整体相吻合——如简约的新中式风格适合素雅的摆件，雕刻繁复的清代家具不妨配上华丽的粉彩瓷器或景泰蓝工艺品。

（六）新中式风格的灯饰

中式灯饰的造型也讲究对称和色彩对比，造型与图案多为中式元素，强调古典和传统文化神韵的感觉，材质多以镂空或雕刻的木材为主，宁静古朴（图 4–11）。陶瓷灯是中式灯的典范，因为陶瓷本身就是中国千年来文化与品位的载体。

图 4–11　新中式风格灯饰

（七）新中式风格中的花艺

石艺、盆栽和花草的形式，以及对小空间的灵活运用，常常被借来充当室内软装饰。植物自然的姿态搭配古典样式家具及典雅的瓷器，疏朗之气确实传达出中国“天人合一”的意境。

新中式风格中的花艺装饰品适合使用东方风格的插花。使用的花材不求繁多，只需插几枝便能起到画龙点睛的效果。形式追求线条、构图的完美和变化，崇尚自然，简洁清新，讲究“虽由人作、宛如天成”之境。插花用色朴素大方，清雅绝俗，一般只用 2 ～ 3 种花色，简洁明了（图 4–12）。

图 4–12

二、欧式风格

（一）定义

我们今天所说的欧式风格，在时间上是指起源于古希腊古罗马时期、终止于折中风格时期的各种欧洲建筑与艺术风格的混合运用和改良，它继承了欧洲 3 000 多年传统艺术中华贵繁复的装饰风格，又融入了当代设计师对功能的追求。在地域上，它主要包括了希腊、意大利、法国、英国、西班牙和尼德兰（相当于今天的荷兰、比利时、卢森堡和法国东北部的一部分）这些西欧国家的风格演变。

（二）色彩

欧式风格的色彩运用通常有两种趋向。

一种是继承了巴洛克风格和洛可可风格的丰富色彩。巴洛克的装饰喜欢使用大胆的颜色，包括黄、蓝、红、绿、金和银等，渲染出一种豪华的、戏剧性的效果（4–13）。而洛可可喜欢用淡雅的粉色系，如粉红、粉蓝和粉黄等，整体感觉明快柔媚。巴洛克风格和洛可可风格都追求曲线和装饰，但是通过不同颜色的使用，它们展现出不同的面貌。如图 4–14 中，红色和绿色因明度低而让人丝毫不觉得艳俗，传统的墙纸纹样吸引人们欣赏的眼光，镜子和玻璃扩大视觉空间和反射灯光，使深色调的室内空间显得不那么暗沉。另外巴洛克家具尺寸较大，其覆面多往外鼓出，使外形看上去十分饱满，透出一股阳刚之气；洛可可家具纤细而优雅，显

图 4–13

图 4–14

示出女性化的品味，这是因为洛可可风格的诞生本就源于路易十五的情妇蓬帕杜侯爵夫人的倡导。

另一种是讲究整体和谐，传递出新古典主义所追求的庄重和霸气感，多采用较为统一的中性色，如黑色、棕色、暖黄色等，再点缀以深色或金黄色的边缘装饰。一般都不能使用明度太高的颜色，使整体营造出高贵与宁静的气氛。此外，在以冷色调为主的室内设计中可多使用暖色调的陈设进行调节，反之亦然。

（三）布艺

1. 窗帘

窗帘是欧式风格布艺的主角，在欧洲，窗帘在18世纪前很少用，到了新古典主义时期才变得普遍。因为提花织布机的发明，带有图案的缎子和天鹅绒可以大批量生产，窗帘的样式也越来越多，装饰性的檐口、垂花饰盛极一时，维多利亚时期的窗饰甚至多达四五层。

今天的欧式窗帘基本采用开合帘和帐幔的形式，用料应有尽有，窗饰的形式亦十分丰富，一般有檐口、帷幔、垂花饰、流苏边、蕾丝边等。用来承托开合帘的罗马杆也成为装饰的一部分。罗马杆因其轨道头喜欢借用古罗马建筑装饰而得名。轨道头的样式应与主要家具的风格一致，颜色则要与墙面、地面和窗帘的颜色相衬（图4-15、图4-16）。

图4-15　适用于欧式客厅的窗帘

图4-16　适用于欧式卧室的窗帘

欧式窗帘为了体现其华贵的特性，一般使用垂感好、厚实的布料，各种绒面料、高支高密的色织提花面料或印花面料都很受欢迎，同时也要根据室内实际的需要——如防潮、遮阳等，选择不同特性的面料。大块的色块处理，除了从视觉、质感角度考虑外，还应注重手感。有些欧式窗帘在其下增加一层开合帘或罗马帘式的纱帘，不仅具有遮阳的功能，更加强了窗饰的层次感（图4-17）。

如图4-18，在大型的主卧浴室中，窗户提供了良好的采光和将室外景致纳入室内的效果，再配以高雅的窗帘造型，使浴室变成一种美的享受。

2. 床上用品

厚厚的床垫、蓬松的被子，欧式风格的床上用品总是给人舒适的感觉，看上去就让人有一种要躺在上面的冲动。被子通常要大到能盖住床的两边，枕头多层摆放，增加舒适和豪华的感觉。欧式风格的枕头多饰以各种形式的装饰，只有精致细腻的面料才能衬托出古典抱枕的高贵感，天鹅绒、真丝、羊绒这些贵重的面料都是很好的选择（图 4-19）。

图 4-17

图 4-18

图 4-19

（四）装饰品

出现在家具中的装饰特点同样适用于日常装饰品，在巴洛克风格时期，贵族们对充满异国情调的东方趣味十分好奇，所以巴洛克装饰往往融合了一些东方元素，例如，在纺织品纹样中出现中国的山水风景和阿拉伯人物题材，或者模仿伊斯兰纹样，这种偏好一直延续到新古典主义时期。

充满动感的天使雕塑、花枝烛台和各式各样的镜子都显示出洛可可风格。烛台宛如花朵的造型，每个弯曲处都异常精致优美，洛可可风格灯具的许多造型都是由洛可可风格烛台造型演变而来的，并在此基础上加入水晶质感的吊坠，更添华丽之感。镜子的映射作用一方面扩大了室内的空间感，削弱了建筑的特点，使装饰趋向于统一和谐；另一方面，镜子闪烁的反射光和金色的边框增强了洛可可风格装饰的闪耀之感。

图 4-20

图 4-20，统一的白色挑战了人们对古典风格的一贯认知，充分凸显材料的肌理效果。使人们的注意力更加集中在陈设品的造型上，取得了一种生动效果。

欧式风格的装饰品更加偏好那些来自古希腊古罗马的工艺趣味，雕塑和古典样式的花瓶本身既是家居中的一个元素，又是精美的艺术品，既可远观又可把玩。欧洲悠久的艺术历史无论是在样式还是在题材上都为设计师提供了无尽的选择，而在新古典风格中，以造型大气、纹饰节制典雅的艺术品更为适宜。除此之外，精美的工艺玻璃、模仿壁烛

台的壁灯、用于展示或者做餐具用的银器都能提升欧式风格的古典倾向，更重要的是能让你的家居展现出一种更加精致和丰富的古典风格面貌。

欧式风格在装饰品的整体搭配上，注重表现材料的质感、光泽，色彩设计中强调运用对比色和金属色，如黑、白、银等，给人一种金碧辉煌的感觉。各种色彩在一起和谐过渡，让居室成为一个温暖的家（图 4–21）。

图 4–21　欧式风格装饰品

（五）灯饰

灯光直接影响最终效果，如空间以欧式经典的黑、白、银色调为主，可考虑采用对比强烈的灯光，并尽可能用暖光（如黄光，应慎用白光和蓝光），冷光只适合用于个性化的点缀。通透的水晶、玻璃、镜面能为家居营造出温馨舒适的室内装饰效果。在居室的布局、造型方面，可以巧妙运用自然元素，如光与影的交换等，对空间实施自然分区，对有限的空间起到延伸和扩展的作用，同时也使居住空间增加层次感，减少压抑感。

灯饰可选择具有西方风情的造型考究而大气的水晶灯，能体现主人的身份和品位；传承着西方文化底蕴的壁灯泛着影影绰绰的灯光，朦胧、浪漫之感油然而生；房间可采用反射式灯光照明或局部灯光照明，置身其中，舒适温馨的感觉袭人，让那为尘嚣所困的心灵找到归宿（图 4–22）。

图 4–22

（六）装饰画

作为欧洲最主要的画种，油画的技巧和效果最能体现欧式风格装饰画的神韵，且古典油画以写实手法为主，其出神入化的技术使此类装饰画能即刻吸引眼球，起到画龙点睛之效。

欧洲古典油画的题材包括宗教、神话、历史、肖像、风俗、风景和静物等。宗教题材的绘画通常以讲述《圣经》故事和表达对神圣人物，如基督和圣母的崇拜为主，一般来说只适合涉及宗教信仰的家庭或场所。神话和历史题材则更适合普通大众，描绘的场面往往恢弘无比，在新古典主义时期，历史题材绘画获得极高的赞誉，特别适用于作为大空间的软装饰。肖像画、风俗画、风景画和静物画画面灵活多变，尺寸多样，更能体现个性化品位，是软装中运用最广的题材。

古典油画风格大抵分为两类：一类以文艺复兴时期和新古典主义时期的绘画为代表，给人稳重端庄之感；另一类则以巴洛克时期和洛可可时期的绘画为代表，充满活力，色彩绚烂。前者作为文艺复兴人文思想的产物和推动社会进步的元素，在直接继承了古希腊古罗马时期的创作法则之余，更强调了科学理性思想的传播。后者与文艺复兴后期手法主义追求动感的装饰精神一脉相承，为迎合赞助人的需求，画面的构成大多充满戏剧感，从另一个角度展现了当时上流社会的万种风情。

欧式风格的壁画，画芯和画框的配搭，直接影响风格和主体。画框的选材很重要，应尽量简约、线条简单，如镜面加香槟金的画框也是欧式新古典的一种体现。

如图 4-23，墙上的装饰画是文艺复兴时期贝诺佐 · 戈佐利的名作《三圣贤之旅》复制品的局部，精密细微的画风和鲜艳的颜色与低沉稳重的墙面色调形成对比，来自文艺复兴时期的艺术熏风吹拂过这个安静的空间。

在欧式风格中，装饰画的运用非常灵活，关键是它们通常需要一个或庄重或金碧辉煌的画框。

图 4-23

三、美式风格

（一）定义

美国是一个崇尚自由的国家，这也成就了其自在、随意的不羁生活方式。没有太多矫揉造作的修饰与约束，不经意间也成就了另外一种休闲式的浪漫，而美国文化以移植文化为主导，它有着欧罗巴的奢侈与贵气，但又结合了美洲大陆这块水土的不羁，这样结合的结果是摒弃了许多羁绊，但又能找寻文化根基的怀旧与奢华，美式家居风格的元素也正好符合当下有文化底蕴的时尚新贵对生活方式的要求，即：有文化内涵、贵气，不失自在与情调。

美式风格的诞生源自于16世纪欧洲的巴洛克、洛可可，以及哥特风格与美国本土草原风格的融合，实际上是一种混合风格，它最大的特点就是文化和历史的包容性以及对空间设计的深度享受。

美式风格是时下较受文化阶层青睐的一种家居时尚，具有“不羁、怀旧、情调”的特点，正好迎合了文化阶层对生活方式的追求，即有文化感、贵气感，还不缺乏自在感与情调感。

美式设计其实是相当多元的，最常见的有美式古典、美式乡村、美式殖民及现代都市家居风格等。其丰富多元的空间语汇，充分融入家居空间之中。你可以找出自己喜欢的味道，呈现属于自己的独特品位。

（二）美式风格的分类

1. 美式古典风格

美式古典风格优雅、耐人寻味的品位历经欧洲各式装饰风潮的影响，仍然保留着精致、细腻的气质。用色较深，绿色及驼色为主要基调（图4–24）。

图4–24

平面配置均以对称空间为主。一般设有高大的壁炉、独立的玄关、书房等,门、窗均以双开落地的法式门和能上下移动的玻璃窗为主要特征。地面的材质大都采用深色拼花木板,装饰性的大理石拼花图案则多用在入口玄关处及其他重要的区域。

软装饰品一般以古董、黄铜把手、水晶灯及青花瓷器为重点。布艺材料选用高品质的绵绸、流苏,装饰画则选用质感较浓稠的油画作品。具有东方色彩的波斯地毯或印度图案的区块地毯,可为空间增添软调的舒适氛围。美式古典风格的另一个空间特色,就是橱柜设计。以实木橱柜搭配大理石橱柜台面,选用漂亮餐盘放在橱柜上方,有时也会用壁纸作为部分墙面装饰。

2. 美式乡村风格

美国幅员辽阔,其乡村风也展现出多元化风貌,除了沿袭英式的柔美田园风外,也有西部粗犷荒漠下的开阔乡村风格。美式乡村与传统英式或欧陆乡村风相比,建筑本身开窗较大且多,采光更为明亮,同时在色彩上多采用柔和的奶白色,给人明快、不造作之感。另外,美式乡村与美式古典风格最大的不同,就是乡村风没有豪华的排场,喜选用精致的装饰品和摆设不同时期的家具来营造氛围,“温馨”和“家”的感觉是其不变的主要内涵(图 4–25)。

图 4–25

花布是美式风格中经典且不可缺少的元素,而格子印花布及条纹花布则是乡村风的代表花色,尤其是棉布材料的沙发、抱枕及窗帘等最能诠释美式乡村风格自然的舒适质感。

原木、藤编与铸铁材质也是美式乡村中常见的素材,经常应用于家具或灯具装饰。

基于乡村风格基本的粗犷精神,家具的线条除了多采用无装饰雕工设计外,在原木的材质表面上还会刻意做出斑驳的岁月痕迹,家具涂抹油漆,以深褐色为主,排斥亮光漆,展现出温润的触感设计。他们尤其喜欢将先祖留下的古董或用过的旧家具摆放在居室最醒目的位置。从而显示注重文化和历史的内涵。

3. 美式殖民风格

美式殖民风格与传统古典和乡村风格截然不同,不但承袭了英国殖民地的浪漫情怀,也

图 4-26

混合着欧洲大陆甚至东方装饰艺术的轨迹。

美式殖民风格最具代表性的作品，可以说是著名服装设计师 Ralph Lauren 的居家饰品：色调以天然的亚麻色、米色和白色为基调，搭配各式克什米尔编织图案，布料常使用通风较佳的亚麻、蕾丝并印有热带花卉、兽皮斑纹等图案（图 4-26）。

室内墙面有的以深色木制镶嵌板围绕，有的则简朴实在。天花板上常设有吊顶风扇，并配木叶窗与草编卷帘，这是早期殖民地留下来的传统——隔离高温气候。地坪多采用较少见的深色柚木花梨木和热带雨林的桃花心木。

配饰方面，常以玻璃雕刻的花卉烛台、油灯、各式古典银器、铜器和具有非洲特色的木雕为主，旅行托运的皮箱、木箱均为展示殖民风格的基础装饰品。

走廊是殖民风格的常见建筑要素，通常设于房子入口，并覆有屋顶。在炎热气候里，这里是全家乘凉及活动的中心。室外的软装配有蚊帐、草席，并设种植盆花和垂挂鸟笼的地方。许多的美式家庭，喝下午茶、会客、小酌等活动均选择在此，是房子中最为舒适的空间之一。

4. 美式现代都市风格

在种族大熔炉的美洲地区，从早期欧洲的殖民时期文化，到南北独立战争时期的西非文化，再到第一、第二次世界大战时期融入的亚洲塔西堤、印度等文化，美国渐渐形成了独特的美式居家风格。其包容性相当大，也很有弹性，特别是在大城市地区，受世界各地文化影响，我们可以看到现代简洁线条的家具、南洋风情的家饰品，是各地风格的融合与展现（图 4-27）。

图 4-27

家具讲求舒适，线条简洁与质感兼而有之，有时亦会融入带有自然风味的简洁家具，或者经过古典线条改良的新式家具，多以布面家具为主、皮质家具为辅。

虽然家具造型不复杂，空间色调却极为温暖，因为营造“家”的感觉是美式风格不变的主题。即使是白色空间也会涂以冷调的白漆，多少带点灰色，或者以特殊壁纸取代，让人觉得温暖而舒适。

立面空间的冷调搭配平面空间的暖调，最能展现都市风格的特色，在现代感的美式空间中，可以看见地毯与木地板仍然是铺装主角。

木质纹理本身就是一种装饰，可以在不同角度产生不同光感，这使得美式家具会比金光闪闪的欧式家具更为耐看。

不论是一幅黑色摄影作品、家人的照片，还是带有现代艺术风格的画作，从中都可以窥见中西合璧的影子。不论带回什么东西，摆什么家饰，都可以被容纳在这个都市风格的居住空间当中。

在美式现代都市风格空间里，强调现代感和时尚感，重视物质化的表现。喜欢落地窗、大气的空间、简洁的线条、素净的布艺图案，金属、镜面、皮质等元素广泛地使用。

（三）美式风格软装设计运用

1. 美国舒适的生活文化

美国是一个崇尚自由的国家，造就了其自由自在、随意不羁的生活方式，没有太多造作的修饰与约束，不经意中也成就了另外一种休闲式的奢华与浪漫。

美国人可以说是这个世界上最“懒惰”的人，但同时也是最会享受生活的人。每到周末，他们会忘掉所有的工作压力，打开家门，换上休闲服，随意往沙发上一躺，拿张报纸，喝杯咖啡，或者看看电视和家人一起用餐，完全回归到自然和谐的生活当中。

“像诗人一样的活着吧！”一位哲学家曾这样推崇美式的生活方式。美国人的理想生活，说到底就是“舒适”和“放松”，他们的一切均以此作为评判好坏的标准。美国人选房子是一定要求住宅周围景色怡人的，他们喜欢安静的环境和完善的生活配套设施。

说到美式生活，自由、舒适、惬意……无论哪一种，都是享受生活的一种诠释。其文化主打着移植与自我发挥，既有着欧洲的奢侈与贵气，又结合了美洲大陆这块水土的不羁，如此文化成就了美式乐观主义的存在与发展。崇尚色彩、热爱花卉、追求高品质和实用的物质、敢于打破一切陈规旧俗的勇气，所有这些构成了一个典型的美国人的生活态度。时而怀旧，时而大气磅礴，却又不失自在与随意，如此生活，如此丰富（图 4–28）。

图 4–28

2. 设计运用

美国是个以自由标榜的国度，他们很注重随意、舒适的生活感受，而美式家具正恰到好处地体现了这一特征，永远把舒适度放在了第一位。它不像欧洲家具那样强调它的花哨，感觉是个真实的家。所以美式家具的沙发、椅子会做得很宽敞，让人一回家就有想要躺在上面的冲动。

家纺用品也是崇尚舒适的美国家庭不可替代的好东西。床品、布艺沙发、地毯，家纺用品无处不在。与其他国家利用家纺来装饰家居不同，美国人更愿意真真实实地体验家纺带来的生活便捷之乐。

在美式家居的布置中，美国人认为各种柔软的织物是打造家居舒适度及营造良好睡眠环境的关键，所以他们会从健康和舒适的角度出发来选择家纺用品。床单、枕套、盖被因直接接触肌肤，一般会选用密度较高的全棉面料，而一款兼具功用性和环保性的枕芯也是美式家居的首选。根据填充物的不一样，枕芯可以分为乳胶枕芯和羽丝绒枕芯。

在寒冷的冬日，被子成为秋冬卧室的主角。一床好的被子不仅舒适温暖，而且选用的材质也很有讲究。被子根据材质分为蚕丝被、羽丝绒被。以蚕丝作为内胆的蚕丝被在冬被中属于高档产品，具有贴身保暖、蓬松轻柔、透气吸湿等作用。蚕丝可分为特级蚕丝、一级蚕丝和二级蚕丝，其中以特级蚕丝为最佳，一般以重量区分保暖系数。羽丝绒被以质地轻盈、柔软舒适、保暖性佳等特点成为很多家庭的冬被首选。

除了像被子、枕芯等基础床品外，卧室中的盖被也是必不可少的。夏天，盖被主要用来当作空调被；冬天还可以当垫被、压被，增加保暖效果。西方人一般以绗缝盖被或床单来代替盖被，盖被中历史悠久、百搭实用的绗缝盖被，一直以来被美国家庭视为“传世家宝”。卧室中您可以选用素色的绗缝盖被，还可以丰富床品的搭配效果。

毯子是床上、沙发上随手使用的保暖品，主要材质包括绒、羊毛、全棉、超柔绒等。色泽自然、质感柔和、亲和肌肤的羊绒毯，不仅是居家保暖的宠儿，更可以作为孝顺长辈的贴心礼物。

四、田园风格

田园风格，也叫乡村风格，有别于严肃的、充满装饰的和颜色华丽的古典风格，田园风格追求的是舒适的、休闲的和生机勃勃的居住氛围。田园风格形式多样，但无论是原汁原味的英式田园、粗犷的美式田园、多彩的法式田园还是甜美的韩式田园，都从实用的家具、炫彩的织物中流露出一种悠然自得的雅致。

田园风格的装饰是为了适应乡村生活而产生的一种风格，虽然它在本质上既不同于追求身份表达、为了装饰而牺牲舒适的皇家风格，又不同于追求象征意义大于功能需求的宗教风格，但是在田园风格的演变过程中，不可避免或主动或被动地受到主流图式的影响，所以我们总能在田园风格的家具或者陈设上看到古典风格的装饰语汇，这些装饰语汇被节制地融合在乡村生活的需求中。

在 18、19 世纪的乡村里，人们并不执着于对装饰风格的传承或追求身份象征，因此田园风格在软装细节上又是混合的——可以是一把华贵的法式宫廷椅，搭配来自波斯的地毯；也可以是从父辈继承来的一件陶器，搭配旧货市场淘到的一张桌子。但无论如何，田园风格必须把自然界的元素引入室内，必须创造一种温馨轻松的家庭氛围，必须是不张扬而又实用的。

（一）英式田园

英式田园丰富的装饰语汇使它成为田园风格中的最具魅力者。英式田园的整体色彩比较深沉，通常以棕色的家具、深色的壁纸和布艺，与棕色或红色的地板相互搭配；或者是米黄色调搭配各种花色的大面积布艺，营造出秋天般的醇厚氛围。由于英式田园倾向于选用有各式花纹而非纯色的陈设品，因此窗帘、抱枕、桌布和墙纸等最好选用颜色和风格比较统一的花纹样式。在决定是否使用某一种纹样时，一定要放在整个环境中进行对比。如果把所有你觉得美丽的东西放到房子中，最后可能会使人在视觉上感到混乱（图 4–29）。

图 4–29

1. 家具

一个壁炉、装满书的木制大书架、简朴的大陈列柜、一张切斯特菲尔德沙发和带碎花布面的扶手椅，就是最经典的英式田园装饰。英国家具多使用木材，家具的配饰多采用黄铜而不是合金来制作，以显示其古旧的气息。家具是为了适应英国的庄园生活，因此沙发和椅子有着厚厚的垫子，人坐其上，正好慵懒舒适地享受一顿英式下午茶，打发休闲时光（图 4–30）。

2. 布艺

丰富的布艺纹样是英式田园风格的象征，椅子和沙发的缎面通常使用花呢布和天鹅绒，有时会使用暗色的皮革。无论你的家具是什么材质的，都应该采用带纹样的布艺作为覆面，特别是纤细的植物纹样，充满旧时的庄园感，各种小碎花和花卉藤蔓设计，营造出有别于古典奢华的清新感受（图 4–31）。

图 4–30

图 4–31

条纹和格子装饰的花呢布，是另一种重要的、显著的英格兰传统纹样，让人联想到英格兰的传统舞蹈和音乐。另外，以前的英国人非常喜欢在乡下进行一些运动，所以表现打猎和马术场景的花纹也非常受欢迎，特别适用于客厅或者主人书房这些比较正式的场所。

3. 装饰品

英式田园就是要让人觉得生机勃勃，因此从来不会有人用“沉闷”这样的词语来形容英式田园的陈设，装饰品和装饰画都是能够体现英式田园的绝妙道具。植物纹样的窗帘、墙纸和抱枕，用皮面或者布面包装的精装书，精美的瓷器和风景画，甚至一些古怪的收藏品都可以增添庄园气氛。你可以在陈列柜、梳妆台、客厅小圆桌上展示你的收藏品，东西的摆放和追求对称的法式古典相反，可以随意一些，但在搭配时要注意大小对比以及高低节奏。

英国的文化孕育出一种特殊的风景画风格，这种被称为“如画的”绘画观念，有别于古典主义风景画宏大的场景、浓烈的颜色，而重在描绘诗意的乡间景色、光线的朦胧氛围和自然事物的美感。光影绚烂、质朴而又真诚的画面，唤起人们对大自然的向往和对生活的热爱，置于室内，更是延续了英式田园一种典雅的浪漫。

4. 餐具

英国作为下午茶习俗和欧洲近代陶瓷的发源地，创造出一种器形优雅、花纹精致的陶瓷风格，一种集装饰性、纪念性和实用性为一体的陶瓷产品。最常用的陶瓷图案包括了展现英国乡村的风景画、各式花卉和各式模仿古希腊古罗马样式的瓷器。

最著名的英国陶瓷品种是距今已有 300 多年的骨瓷——在陶土和瓷石中加入动物骨粉，使陶瓷质地细腻又有透光性，博得“薄如纸、透如镜、声如磬、白如玉”的美名。英国三大陶瓷品牌皇家道尔顿（RoyalDoulton）、韦奇伍德日用陶瓷（Wedgwood）、皇家瓦塞思日用陶瓷（Royal Worcester）都是骨瓷的铁杆粉丝。

英式风景陶瓷继承了英国风景画“如画的风景”的概念，画工精致，重视写实效果。因为英国下午茶讲究点心的口味搭配和进食顺序，所以产生了一种典型英式陶瓷——点心架。没有铺满花纹的陶瓷茶具能让人更好地欣赏到陶瓷的质地，金色的边让它绽放出华贵的光彩。

5. 英式田园软装建议

传统壁炉是英式田园风格必不可少的标志性装饰，传统的英国庄园生活就是大家围着壁炉交谈、看书等，所以壁炉既是人们活动的中心，也是客厅的视觉中心。尽管现在人们已经很少用壁炉烤火了，但一些松木和黄铜的壁炉装饰能够很好地增加乡村气氛，壁炉上还可以摆放一些家庭照片或收藏的小物件。

不同材质和样式纺织品的混合使用能增加空间的气氛，花卉藤蔓图案、条纹格子和刺绣图案是非常理想的选择。

使用多皱褶的开合窗帘和罗马帘比百叶窗更合适，特别是花卉图案纺布和质感高贵的天鹅绒。

给小巧的下午茶餐桌披上垂地的桌布，带有流苏则显得更加浪漫，并摆上一些小装饰或者鲜花。田园风格的花艺造型可以随意一点，颜色和造型以选择淡雅为宜，除了正式的花瓶外，陶瓷水罐、杯子都是花艺搭配的好器皿。

（二）美式田园

美国的建筑和室内设计风格大部分脱胎于欧洲，特别是英国。不过美式田园风格因为融入了许多北美本土的元素，所以发展出一种完全不同于英式田园的气质——一个细腻，一个粗犷。正因为美式田园这种气质，以及美式家具相对而言体积大些，所以美式田园风格适合面积较大的别墅和公寓。

1. 美式田园的灵感来源

1774 年，一个被称为“震教”的宗教团体从英国逃到美国，以逃避宗教迫害。由于震教强调积极勤奋，反对当时流行的浮华不实的装饰，崇尚简朴，因此“震教”在美国发展出自己独特的建筑和室内风格，成为美式田园的灵感来源之一。

“震教”的室内完全脱离了装饰，墙壁刷成白色，并且沿着墙钉着小钉子，便于挂上不用的衣服、杂物甚至是椅子。“震教”带给美式田园最大的影响是家具，特别是各种斜靠背椅、摇椅、编织坐垫的直椅、非常简洁的大工作桌，虽然没有装饰，但是讲究比例的协调与细部的工艺，看起来非常结实，是美式田园的百搭选择（图 4-32）。

美式田园的另一个灵感来源是美国的西部文化和乡村度假小木屋，在建筑上有着粗犷大气的显著特征。宽厚粗糙的木板常被用来做木地板和吊顶，粗木梁的房屋结构也丝毫不加掩饰。传统西部装饰手法是在天花板上安装鹿角做成的枝形吊灯，现在则多使用木制或者铁艺枝形吊灯，如果想更多地保留原始气息，选用野生动物纹样、树木纹样的枝形吊灯是很棒的选择，同样的主题还可以出现在壁灯、台灯和小吊灯上，增加室内的乡村气氛（图 4-33）。

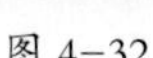
图 4-32

图 4-33

2. 美式田园的软装元素

美式古典家具有着特别的迷人之处：颜色低沉、自然沧桑。粗糙的木材用来制作床、桌子、茶几、沙发、椅子等家具，并且不一定要进行精细的上漆或打磨，以保留原始粗犷的味道，有些覆以皮革或者粗棉麻椅面，这样使用起来更加舒适。一些祖辈传下来的家具或者古董

是主人的家族回忆和骄傲，会被摆放在显眼的地方，经过岁月磨砺的陈设凝聚起一种历史感。想达到这种效果也可以选择一些经过做旧处理的家具，通过钉痕、虫蛀痕、烟熏痕、马尾痕等特有的做旧技术使其具有更多的沧桑之感，若有若无的涂饰手法，更接近自然。有时候铸铁也被用来制作桌子和床，但是使用的频率不会很高，只是作为点缀，而非家具装饰的主角。总之，大方的造型、没有精加工的表面、旧痕迹让家居看起来更完美（图 4–34）。

美国延续了英国的乡村传统，壁炉往往是客厅的活动中心和视觉中心所在，只是与英国文雅的风格不同，美式田园的壁炉材质偏爱粗粝的石头、天然石材或仿古面砖。现代的平板电视可以安装在壁炉边，搭配一套舒适的组合式沙发或一对厚实的躺椅，如果想狂野一些，还可以配上兽皮或鳄鱼皮纹样的毯子（图 4–35）。

牛皮灯罩、皮革饰品和鹿角常被用来作为单独的装饰，激起人们对美国西部的无限遐想。如果想温和一点，美国本土织毯或者波斯地毯配上硬木地板也很漂亮，手工柳条篮子或工艺品则体现出震教传统。一些多彩的印第安装饰和印第安纹样的织品，能带来浓郁的民族风情，活跃了低沉的色调。粗陶器和带有美国西部文化印记的小装饰品特别能配合以木头为主的硬装和实木家具（图 4–36）。美国还有特别的传统工艺绗被——一种把各式图案的碎布拼接在一起的被子，今天这种形式也被用来制成抱枕或其他布艺品，成为美国传统工艺的独特代表。巨大的盆栽带来一种室外的观感，也配合了美式田园不拘细节的个性。

图 4–34

图 4–35

图 4–36

美国早期的庄园主因为怀念远在彼岸的英国家乡，非常热衷于追随英国流行的室内风格，因此，美式田园也不缺乏它精致华贵的一面。精美的铜器、陶瓷和玻璃器皿，这些来自欧洲大陆的陈设也会被融入到美式田园中，不过少了柔媚而多了大气。

（三）法式田园

1. 法式田园的色彩

法式田园风格犹如一块亮丽多彩的调色板，它是来自对法国南部充满阳光、鲜花和芬芳空气的追忆。颜色是格外重要的元素，因为人们通过这些高饱和度的颜色搭配去辨认和感受这种风格，也让这种风格充满激情的魅力。

典型的颜色有薰衣草的淡紫色、茄子的深紫色、向日葵的中黄色、草绿色和天空海洋的蔚蓝色，这些颜色共同创造了一种明亮活泼的氛围（图 4-37）。

2. 法式田园的家具与装饰品

法式田园家具不用那么精致，最好保留材料原来自然的粗糙感，松木板拼装的日常家具样式简洁，刷上白色或者草绿色，使其看起来十分休闲，充满亲和力且容易打理。搭配着室内其他艳丽的颜色，给人一种热烈积极的感受。经典的法式田园家庭总要有一张硕大厚重的饭桌，配上缠绕着植物花茎的椅子或长凳（图 4-38）；卧室里配有饰以雕刻图案的大衣橱和四柱床——这是来自法国贵族的习惯。

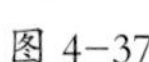

图 4-37

图 4-38

法式乡村家具经常呈现出一种风化的效果，洗白效果的家具、剥漆处理的蓝色或木色的椅子是最经典的样式。许多农场家具用非常厚的木板制成，仅仅是进行粗削处理，呈现出表面凹凸不平的特殊效果（图 4-39）。

图 4-39

铸铁工艺的栏杆、台灯、桌子是法式田园的常用装饰品，除此之外，铁艺还应用在一些配件中，如时钟、镜框、花器，与主要家具相互呼应。特色的法式田园工艺品和配件包括了小麦杆、薰衣草花环、公鸡玩偶等，一把紫色的薰衣草会让人真的以为来到了普罗旺斯，而向日葵配大粗陶瓶则能让人一进门就感受到法国田园的热情。雄鸡图案是法式田园一个重要的主题，你可以从织物、墙纸和小装饰物上面发现它的踪影。一个铁艺雄鸡风向标则向人表明你是法式田园的拥趸。

从田园图案挂钩到调味瓶，从储物格到杯垫，每一处都是设计师演绎田园风格的好地方。一些旧物或者进行做旧处理的小物件更符合要求，因为小小的不完美令你的田园风格看起

来充满了故事。

3. 田园式织物花纹(图 4-40)

田园风格的织物是所有软装风格中最多样化的,它们同样强调活力和自然,棉布、薄亚麻布和绒绣被广泛地运用到抱枕、窗帘和坐具的覆面中。

图 4-40

①植物类

从小碎花到造型硕大的百合、玫瑰或矢车菊,这是田园织物给人们最深刻的印象。色彩鲜艳的罂粟花和向日葵具有法式田园的热情;橄榄叶和葡萄藤则是最受欢迎的叶子花纹;像薰衣草和迷迭香这样的香料植物也是常用的图案元素。其他常用的图案还有桃金娘叶、玉米、水果、蔬菜。比较特别的有来源于皇家和贵族的鸢尾花图案和佩斯利涡纹旋花纹(佩斯利涡纹旋花纹的图案多来自菩提树叶或是海枣树叶,而这两种树具有"生命之树"的象征意义,因此这种图案具有一定的神话色彩)。

②生活类

公鸡图案表现了法式田园的农场动物,狩猎和骑马则是英国绅士的最爱,小船、教堂、农舍或街景,这些反映旧时乡村生活场景的图案也很受欢迎,让人身居室内却联想到郊外生活的情趣。

③条纹、格子类

最简单百搭的条纹是蓝色与灰色相间的条纹,或者是在浅色麻布底上,点缀黄色、粉红色、绿色或者灰褐色的条纹,且这些条纹宽窄不一。英式田园的格子图案源远流长,不同的格子图案原先是不同家族的代表,那些不同颜色和不同粗细的交叉纹样,现在则演变为各种经典样式，成为英国文化的一部分。

④蕾丝纹

蕾丝是非常受欢迎的田园风格窗帘，淡雅的颜色有利于自然光的引入，而白色和米白色则是最经典的颜色。它既可以单独挂起来，也可以和厚一点的布帘组合成双层床帘。

⑤刺绣类

刺绣主要应用在抱枕上，如果你的预算足够，刺绣窗帘能制造一种更丰富的层次感。

窗帘式样的选择要根据自身的喜好、窗户的大小以及空间的整体感受来定夺——一般来说，长窗帘显得正式，短的则显得休闲。

（四）韩式田园

从某种意义上来说，韩式田园并不能算做一种风格，它的出现是西方田园风格为适应亚洲都市生活而作出的一种调整而已。

韩式田园家具在继承田园家居实用的特点之余，体现出小巧、精致、时尚的特点，更适合亚洲家居较小的室内面积。色彩搭配简洁，以各种高明度的色彩为主，显现出清新甜美的美感，且便于打理，自然更适合现代人的日常使用。

韩式田园的用色总是趋向简单，以浅色、特别是白色为主，在同色系中做深浅的变化。通常是在欧洲古典家具的基础样式上简化其装饰，更强调外在造型和结构处简洁流畅的线条。有些家具附有一些花草藤蔓的雕刻装饰，有些则在象牙白的底色上绘制色彩绚丽、精美的花卉图案，增加了韩式田园甜美的味道（图 4–41）。

图 4–41

1. 布艺

布艺是韩式田园的灵魂，因为韩式田园强调一种较为简约的装饰趋向，所以它主要通过大范围使用布艺——床上用品、窗帘、沙发覆面和抱枕来突出装饰效果。与英式田园相比，韩式田园织物选用的色彩和纹样比较简单，一般是各种高明度的粉色调——粉红、粉紫、粉绿等，纹样上以小碎花、格子和条纹为主。无论是窗帘还是床上用品，都喜欢在长长的落地窗帘或者垂地的床单裙边缀上皱褶、蕾丝或蝴蝶结等装饰。如果预算和空间允许，可以配上

有帷柱的床或者华盖，在浪漫之余增加华贵的气氛（图 4–42）。

2. 韩式田园软装建议

色彩的选择不宜过多过杂，除了白色的家具，应该先选好一个主色调，如粉红、粉紫、草绿色等，窗帘和布艺的选择都要围绕这个主色调来进行（图 4–43）。

图 4–42

图 4–43

图 4–44

选择装饰比较简单、体积比较小的欧式家具。白色的铁艺桌和白色的藤椅适合阳台、庭院或者一些非正式的会客场所（图 4–44），而韩式田园的卧室通常配有床头柜和带镜子的梳妆台。

韩式田园可以通过贴壁纸丰富装饰效果，壁纸的纹样以植物藤蔓、小碎花和条纹为主，色调与窗帘、床上用品等同色系。

韩式田园的窗帘以落地开合帘为主，为了增加效果，要配上帷幔、垂花饰、绑带等装饰。

如果你不希望你的韩式田园过于柔美，可以安装与家具同色系的百叶木窗。

可以为窗帘和有帷柱的床增加一层半透明的纱质布艺。

摆件要小巧精致，一些造型可爱的现代产品也是不错的选择，插花和花瓶应以粉嫩的颜色为主。

五、英式风格

（一）定义

“英国”式的居住环境处处充满着“罗曼蒂克”，是当前人们最为理想的生活方式之一。由于英国隶属欧洲，早期受殖民者的统治，建筑风格在一定程度上受欧洲文化的影响，呈现雍容典雅的特征。

英式软装风格有两种，一种是英式古典风格软装，一种是英式田园风格软装（此部分在田园风格中有详细介绍）。

1. 英式古典风格软装

英国是老牌的工业国家，家具制造历史悠久，是欧洲家具生产的大国之一。英式家具受欧式风格影响，造型典雅、精致而富有气魄，往往注重在极小的细节上营造出新的韵味，尽量表现出装饰的新和美。随着时光的流逝，几百年过去了，英国家具依然能以新的魅力在世界各地展现其动人的一面。

英式的古典家具美观、优雅而且易于调和，喜爱使用饰条及雕刻的桃花心木，给人沉稳、典雅之感。英国老家具有别于其他国家的欧式古典家具，浑厚简洁是 18 世纪末、19 世纪初英国老家具的独特风格，历经岁月的洗礼与沉淀，留下亲切而沉静的韵味。英国老家具就跟老朋友似的，让人体会到亲切而真挚的感受（图 4-45）。

图 4-45

2. 英式田园风格软装

英式田园又称英式乡村风格，是属于自然风格的一支，倡导“回归自然”，在室内环境中力求表现悠闲、舒畅、自然的田园生活情趣，巧于设置室内绿化，创造自然、简朴、高雅的氛围。

英式软装设计，深受高品位绅士的喜爱和推崇。软装发展到今天已经不再是家具陈设的简单摆放，而是融入了不同家居文化、性格，更是不同生活习惯的完美展现。

英式田园风格的客厅是舒适而温馨的，一般选材多取舒适、柔性、温馨的材质组合，可以有效地建立起一种温情暖意的家庭氛围，电视等用品也放在这一空间，可以想象在电视的声色、锅碗瓢盆的和乐、孩子嬉戏的杂音下，这“三区一体”的其乐融融。

英式田园家居的卧室布置较为温馨，主要以功能性和实用舒适为考虑重点，一般不设顶灯，多用温馨、柔软的成套布艺来装点，同时在软装和用色上进行统一。

卧床多以高背床、四柱床为成人用床，可爱的公主床是乖乖女的梦想天堂，小尺寸的栏杆床则是调皮儿子的最爱。成人床多配以 70 cm 左右高的床头柜和床尾凳方便起居，看空间大小配以适当大小的三门、两门或四门的衣柜来收纳衣物，当然还有必备的梳妆台及造型优雅的田园台灯，靠窗处可配置一休闲椅和小方儿，再搭配田园碎花的床品可以更好地营造田园气息。

英式田园家居的书房简单实用，但软装颇为丰富，各种象征主人过去生活经历的陈设一应俱全，被翻卷边的古旧书籍、颜色发黄的航海地图、乡村风景的油画、一支鹅毛笔……即使是装饰品，这些东西也足以为书房的英式风格加分。

家庭室作为家庭成员休息和交流的中心，属私密性很强的空间，一般设于餐厅旁，配有

电视机，同时沙发和座椅选择轻松明快的式样，室内绿化也较为丰富，装饰画较多。

英式田园风格软装最特色之处还是家居的布艺设计，但又没有一定之规，完全可以依据自己的喜好来选择不同颜色、不同质地的布艺产品，呈现出不同的个人格调。用碎花、条纹、苏格兰图案来做成的各种床品、窗帘和沙发套，大花、小花、浓的、淡的，活泼而又生动，仿佛一个英国乡村花园盛开在眼前（图 4–46）。

图 4–46

（二）餐饮礼仪与餐具

英国作为绅士之国，也是个极其讲究礼仪的国家，就餐的时候也不例外。贵族们更以餐桌礼仪规范来显现自己的风度和礼貌。许多英国家庭会邀请未来的媳妇或女婿到家里吃饭以观察其对餐桌礼仪是否了解。

一般来说宴会的座位是由主人排定的，因此距离主人越近的客人都是与其关系较好者。入座时，由座位左方就坐，男士应协助女士入座后才可入座。在用餐时，如有女士暂离座位，所有男士应起身目送其离去后方可坐下。

餐具的摆设需遵守“不过三”的原则，即餐盘左右两侧同时不摆超过三套同性质的餐具，超过三套时，用完收走后再补充，而不是一次全部摆上去。餐具是照其上菜的顺序而排，先由外向内取用，最先上的菜所用的刀叉摆在最外面，越里面的餐具代表其对应餐点在最后才上。

英式下午茶是英国不可或缺的文化之一，由红茶加上一些可口的小点心组成，是下午悠闲放松的一项活动。其来源于 17 世纪的英国，当时上流社会的早餐都很丰盛，午餐则较为简便，而社交晚餐一般要等到晚上八时左右才开始，这对午餐原本就吃得较少的淑女们来说无疑是种折磨，于是下午茶便在这样的背景下应运而生。

要享受优雅的下午茶时光，是非常讲究泡茶的器具的。其中，最重要的泡茶用具就是瓷器的茶壶，它可细分为 2 人茶壶、4 人茶壶及 6 人茶壶，以招待客人的数量不同来选择茶壶的不同。此外，还有茶杯组、糖罐、牛奶、三层点心盘及茶匙（茶匙要与杯子成45°才是正确的摆法），其他用具还有七寸个人点心盘、茶刀（用来抹奶油及果酱）、吃蛋糕的叉子、放茶渣的盘、餐巾、一盆鲜花（增加美观）、保温罩和木头托盘（端茶品用）等。滤匙可用来过滤茶叶渣。

（三）英式风格软装案例

1. 玄关

如图4–47，入门处最明显的感受就是大量英式古典元素的运用。家具特意选择稍微偏大的尺寸，暗含古意。整体空间的色调以及楼梯扶手、护栏的节奏都强调了英式古典的唯美。空间墙面的线条边框走势硬朗、精致，是英式经典的装饰元素。在面积很大的英式别墅中，一楼玄关的位置十分重要，有着承上启下的作用。玄关桌上方的精美装饰画打破了原本木质墙面的沉闷，客人来访时首先能欣赏到玄关处主人喜爱的装饰品，其次也可从玄关处进入餐厅、客厅或二楼。

2. 客厅

客厅（图4–48），以华丽的装饰、浓烈的色彩、精美的造型达到雍容华贵的装饰效果。英式客厅顶部喜用大型的水晶吊灯，并用华丽的枝形造型营造气氛。门窗上半部多做成圆弧形，并用带有花纹的石膏线勾边。壁炉位于客厅中心。上方陈设着各色艺术品，来烘托客厅的豪华效果。

和谐是英式风格的最高境界，通过完美的点、线和精益求精的细节处理，英式家居能带给家人惬意的舒适触感。古典英式装饰风格最适用于大面积房子，若空间太小，不但无法展现其风格气势，反而对生活在其间的人造成一种压迫感。

图4–47

图4–48

3. 餐厅

正式的英式餐厅（图 4–49），将英国人特有的严谨发挥得淋漓尽致。以木质格花吊顶的中心点为中轴线，延伸至吊灯、水晶烛台，一直到餐桌长巾，结构分割一丝不苟。餐椅笔直的靠背、精美的雕刻，尽显英式风范。靠背布艺也延续了窗帘的色彩。餐厅两旁各有一个餐边柜，镜像的摆设对称正式，而左边墙面奢华的雕刻装饰镜又与右边的装饰画有所区分，细节丝丝入扣。

图 4–49

正式的英式餐桌往往同时可供十几个人用餐，因此餐桌的长度较长。而这时，独立的吊灯已然不太合适使用，特别定制的长型吊灯就刚好与之契合。

早餐厅与正式餐厅之间的中岛是欧洲国家常见的形式，主人不仅可以在此做简单的料理，同时也可与家人或来访的客人进行交流。中岛也可作为备菜暂时放置的地方。在家中举办聚会的时候，可以将烹饪好的料理先集中在此，之后陆续摆桌。

4. 起居室

英式的起居室相对正式的客厅，要轻松许多，家具的造型也更加追求舒适。吊灯、壁灯、窗帘、沙发靠枕颜色一气呵成。一旁的古董三脚架式望远镜，可以想象主人在此凭栏远眺的惬意心情（图 4–50）。

图 4–50

5. 卧房

主人的卧房兼具了书房的功能，但对一楼的正式书房而言，这里是更加私密的空间，不会作为接待工作伙伴来使用，但其功能却丝毫没有减弱，有成排的书架、精致的书桌和书椅。也为男、女主人提供了工作的场地。牛皮地毯和四柱床下的羊毛地毯似乎也在空间上划分了卧室的功能，相比而言羊毛地毯更能带给主人温暖、舒适的感觉。经典的四柱床顶部曲线造型增加了柔美的质感，床的顶部是挑高的。一般选择四柱床的时候，房屋的挑高是特别需

要注意的地方。因为只有足够的挑高才可以放置四柱床，并且效果最好（图 4–51）。

6. 书房

传统、经典的英式书房，空间虽然不大，但细部处理运用了功能不同的材质搭配，比如人字拼木地板、造型窗帘盒、平行线条的吊顶等。兼具实用造型的英式高柜，无论作为书柜或展示柜都相当优雅，画龙点睛的沙发椅与书桌搭配，让书房流露贵族优雅的气息。整张牛皮的地毯运用也使这里增添了几分男性的刚毅（图 4–52）。

图 4–51

图 4–52

六、法式风格

（一）定义

法式软装风格整体透露出一股复古思潮，这既来源于法国古老悠久的历史，也是法国人对自己文明自信的表现。这种复古思潮既有文艺复兴时期的华丽辉煌，又有法国田园的自然素雅。这种复古是法式风格的核心，既表现于家具做工和质地的精细，也表现在对细节的考究。在细节处理上运用了法式廊柱、雕花、线条，制作工艺精细考究。法国人天生具有独特的浪漫情怀，他们的家也是如此，不仅要求具有贵族气势，而且也要舒适，有浪漫的情调（图 4–53）。

图 4–53

由于精致法式原本服务的是王室贵族，因此，在各个空间中所呈现的“诉求”不同，如客厅的尊贵大气以庄重的摆设彰显出华丽气息，而餐厅空间则凸显一种温馨和强调用餐氛围，业主可摆放一瓶年份佳酿的葡萄酒，穿过岁月的印痕，历久而弥香。

（二）家具

法式家具在色彩上以素净、单纯与质朴见长。爱浪漫的法国人偏爱明亮色系，以米黄、白、原色居多。所以，有人称法式家具为“感性家具”。法式家具带有浓郁的贵族宫廷色彩，精工细作，富含艺术与文化气息。法式家具的风格按时间顺序主要分为四类：巴洛克式、洛可可式、新古典主义和帝政式。巴洛克式宏壮华丽，洛可可式秀丽巧柔，新古典主义精美雅致，帝政式刚健雄伟（图 4–54）。

图 4–54

洛可可式仍然是法式家具里最具代表的一种风格，以流畅的线条和唯美的造型著称，受到广泛的认可和推崇。洛可可式家具带有女性的柔美，最明显的特点就是以芭蕾舞动作为原型的椅子腿，可以感受到那种秀气和高雅，那种融于家具当中的韵律美，注重体现曲线特色。其靠背、扶手、椅腿大都采用细致、典雅的雕花，椅背的顶梁都有玲珑起伏涡卷纹的精巧结合，椅腿采用弧弯式并配有兽爪抓球式椅脚，处处展现与众不同（图 4–55）。

图 4–55

（三）色彩

精致的法式拒绝浓烈的色彩，推崇自然、不矫揉造作的用色，比如蓝色、绿色。尤其要强

调的是紫色，紫色本身就是精致、浪漫的代名词（注：著名的薰衣草之乡——普罗旺斯就在法国），再搭配清新自然的象牙白和奶白色，整个室内便溢满素雅清幽的感觉。

此外，优雅而奢华的法式氛围还需要适用的装饰色彩，如金、紫、红，夹杂在素雅的基调中温和地跳动，渲染出一种柔和、高雅的气质。但用色多时要注意敏感度的把握。

（四）布艺

精致法式居室氛围的营造，重要的是布艺的搭配。窗帘、沙发、桌椅等在布艺选择上要注重质感和颜色是否协调，同时也要跟墙面色彩以及家具合理搭配。如果布艺选择得当，再配以柔和的灯光，更能衬托出法式风格的曼妙氛围（图 4–56）。

在法国及欧洲其他地方，亚麻与水晶和银器一样，是富裕生活的象征。中国人以丝绸为贵，于法国人来说，答案就是亚麻。懂得生活的欧洲人，对亚麻织品的情感是认真细致、富有耐心的，那里的跳蚤市场上经常会看到绣有拥有者名字字母的麻织床单。

除亚麻外，木棉印花布、手工纺织的毛呢、粗花呢等布艺制品也常见于法式家居之中。

图 4–56

（五）壁纸

壁纸的合理使用，可以突出法式居室感性的特点。在选择壁纸时，也要秉承简约、奢华的设计理念，通常以白色、粉色、蓝色色调为主。当然，在花色的选择上，可以兼顾时尚，除了最古典的藤蔓图案，以大丽花、雏菊、罂粟、郁金香等大面积花朵为主要设计元素的壁纸，也极具浪漫、妩媚的柔美色彩。

（六）装饰品

法式风格不仅舒适，也洋溢着一种文化气息，因此雕塑、工艺品等是不可缺少的装饰

品，也可以在墙上悬挂一些具有典型代表的油画。此外精美的小块壁毯、做旧的金色壁纸也是不错的选择，陶瓷器、小件家具、灯具、镜子、古董等都可以当作配饰。法式风格对于配饰的要求是非常随性的，最注重的是怀旧的心情，有故事的旧物就是最佳的装饰品（图 4–57）。

配饰的设计随意质朴，一般采用自然材质、手工制品以及素雅的暖色，强调自然、舒适、环保、清馨的法式特色。各种花卉绿植、瓷器挂盘以及花瓶等与法式家具优雅的轮廓与精美的吊灯相得益彰。

图 4–57

（七）花艺

鲜花是法国人生活中不可或缺的东西，是浪漫的代名词。在法国人的家里，不论花的贵贱，不论生活贫富，都会见到花瓶里姹紫嫣红的鲜花，将房间照得明亮无比。

鲜花于法国人来说与其说是点缀，不如说是生活的一部分。集市上、大街上、超市里，随处可见卖花的店面或摊位。那些花儿或是插在花筒里，或是扎成花束，颜色之鲜艳，种类之繁多，让人眼花缭乱、叹为观止。走在路上，常常可见怀抱花束的男人，面露微笑，眼含温柔，那是怎样的一种心情？试想家中有花的日子，即使再阴霾的天也会是阳光明媚的吧？法国人深谙这一奥秘（图 4–58）。

图 4–58

法式花艺跟随欧洲花艺潮流，注重突出花

材的质感及整体花形的协调性和饱满性，花束立体感强，色彩搭配大胆且取悦人的视线，是时下较为流行的风格。

法国人喜欢花，他们把每一种花都赋予了一定的含义，所以选花时要格外小心：玫瑰表示爱情，百合表示尊敬，红茶花表示我觉得你最美丽等。他们非常喜爱鸢尾花（法国国花），认为它是自己民族的骄傲。

此外，法国人视鲜艳色彩为高贵，认为蓝色是“宁静”和“忠诚”的色彩，粉红色代表积极向上。但法国人忌讳核桃，厌恶墨绿色，忌用黑桃图案，商标上忌用菊花。他们还视孔雀为恶鸟，并忌讳仙鹤（认为它是蠢汉与淫妇的象征）、乌龟，认为杜鹃花、纸花不吉利。法国人大多数信奉天主教，生活中禁忌“13”和“星期五”，认为鸡是吉祥之物。

（八）餐具

法国的饮食文化也特别精致。他们对刀、叉等餐具很有讲究：盘子的左右两边各摆三至四副刀叉，杯子有大、中、小三号。多数情况下是每上一道菜先从最外面的刀叉用起，随用随撤，到后来就好办了。大号杯子用于喝水，其他用于喝红、白葡萄酒。大勺用于喝汤或公用，小勺又有甜食和咖啡之分等等，不胜其烦。但我们也不必过于担心，吃法国菜基本上也是红酒配红肉、白酒配白肉，至于甜品多数配甜餐酒。吃完抹手、抹嘴时切忌用餐巾大力来擦，要注意仪态，用餐巾的一角轻轻印按。

一般讲究的家庭会端上色彩雅致、做工精细的陶瓷餐具或银制餐具：餐巾与餐桌布是成套的，刀、叉、勺、盘、碗也搭配得完美无缺；有些使用一次性的纸餐具，但花形、图案同样完美融合……每个家庭几乎都备有烛台，各色各样，随心所用。

七、日式风格

（一）定义

日本的艺术和设计以精致闻名，奇特的是这种精致在日本文化中表现为两种截然不同的形态——一种是对质朴和稚拙的追求，这种审美倾向根植于日本的宗教、茶道及对人生的态度中；另一种表现为优雅和华丽的装饰，这是日本武家趣味和江户传统文化催生出的追求繁复、喜爱奢华的原生文明。

“空寂”的美学观念是日本文化的支柱，其幽玄、枯淡的气质，包含着日本审美与禅宗精神的深刻联系，同时渲染一种神秘主义氛围。在日本的建筑、室内设计、茶道和园林艺术中，这种审美表现为崇尚颜色简单、造型古朴的特征。

日本艺术家在图案创造方面展现出惊人的想象力，各种富有装饰性、泥金重彩的手法都被运用到漆器、装饰画和服装当中，特有的造型感觉虽不善于表现写实的物象，不过或爽朗轻快、或细致繁复的造型却是最吻合日本民族品性的。

无论何种审美，日本的室内设计都很重视与自然界的交流和对自然界形象的借用，日本人常常把对人生的态度和情感，以自然形态为隐喻——或暗示智慧的相处方式，或象征活力

的源泉。所以,日本的设计非常重视空间的流动、外景的借用和植物的装饰;艺术家和设计师从植物与山河中得到形象的启示和线条的表现方法,很多工艺造型都模仿江河流动或植物曲线的形态。

日式风格的软装,给人以宽敞明亮的清爽感觉,其最大特色就是以榻榻米席地而坐和席地而卧。榻榻米是日本独有用麦秆和稻草加工制做成,平时摆放在客厅当做餐桌或茶几使用。家庭中使用频率最多的是桌椅,日式桌椅的腿脚比市场上的桌椅要短很多,餐桌上大部分情况下会有精美的瓷器。虽然市场上出售的传统日式家具的比例缩小了很多,但"和室"对于很大部分的日本人来说,是永远都不可或缺的。在生活节奏快的现代社会,和室以追求自然的环境、淡泊和雅静的意境,为更多的人追捧。

(二)色彩

图 4-59

"白、黑、青、赤"是日式家居的传统用色,由于无论硬装还是软装,竹子、木头和草席这样的天然材质均贯穿在日式家居中,木色因此成为日式家具的主要表情,构筑了一个简单、轻松的心灵居所。传统的日本家居少不了用和纸制作拉门、隔扇和灯具,虽然现在越来越少使用,但白色作为一种清净的颜色,一直被保留下来。

黑色庄重、神秘的性格被认为与禅宗有天然的联系,从茶道用具的色彩便可窥一斑。在居室中,黑色通常和白色搭配或者作为单独的点缀色而存在(图 4-59)。

由于受到中国唐朝青绿山水的影响,群青、深绿一直是日本装饰画中的主要颜色,不同于西方把青色和绿色视为冷色,日式室内的青色和绿色通常是来自装饰画和各式盆景、窗户借景的颜色,洋溢的是温柔、清澄的感受。

(三)家具

传统的和室是日式家居的精髓,和室通过拉门和隔扇创造出自由变化的空间平面,地面铺上叠席使家居显得平易亲切。虽然今天的日式家居经过了很多改良以更适合现代生活,但很多家庭依旧专门开辟出一个空间做和室。和室虽然融入了现代元素,但用半透明的活动隔断来分割空间的智慧被保留下来,它既保证了隐私,又使自然光柔和地透入,创造出一个幽玄而又明亮的私人空间。

在这样的传统下,设计师要根据人们席坐或跪坐的需求,选择高度和桌下空间合理的矮桌。大型家具并不适合日式风格的气质,灵活的坐垫和抱枕最能适应小巧的日式空间,它们舒适且毫不咄咄逼人,当你坐在坐垫或低矮的椅子上时,你恰好能平视门外的风景,体验到室内与自然的互动。一些能让光线通过的家具,如结构明显的椅子和桌子,比四面遮挡的家具更合适。

日式家具质朴简约,不必要的雕饰被认为会影响人们欣赏家具形式和材质,因此大部分的日式家具都只是涂以清漆。而现代家具强调功能和简洁形式,很好地融合于"和风洋体"

的现代日式家居中。常用的家具材质包括了木头、竹子、稻草垫、丝、麻布和日本纸，它们自然的颜色和质感让人觉得软装仿佛会呼吸一般，这种统一的视觉体验同时使居室看起来整洁利落（图 4-60）。

图 4-60

日式家居还善于把工整和秩序做到极致，用各种柜子和架子收纳东西，日常用品被最大限度地隐藏起来，生活在其中的人们想通过家居的整洁来追求内心的简单，因此日本居家空间虽然较小，不过极简的设计使其看起来比实际的大。

多功能家具能加强整洁的效果，浦床或低矮的榻既能当沙发又能当床，矮几移到墙边就能扩大利用空间。

（四）装饰品

表面看来，日本的工艺品与中国的非常相似，但在深入审视之后，你会发现日本的手工艺者对待手工艺的态度是独一无二的。日本工艺常常是质朴与装饰美的紧密结合，简单的造型有时配上精致的花纹，素雅的器具会因为细节而显得精巧。

柳条制品、木制品和陶瓷既是实用的器皿，又是质朴艺术的代表。特别是茶道助长了一种对简约的自觉崇拜，活泼而粗犷、形状不匀称的瓷器，是为了承载一种清澄恬淡的品质，一种“不规则、不事雕琢和故意缺少技术上的熟练技巧”，一种不完美的美，这种风格的精神也正是茶道本身的精髓（图 4-61）。

图 4-61

设计师灵活地把各种质感粗糙的自然元素结合在一起，营造出一种萧索的感觉，灯光提升了这种艺术形式，枯山水手法被巧妙地运用到室内，白沙围绕石头模仿涟漪的痕迹，仿佛真的存在一个微缩池塘。

竹子做的器皿和线装书带来清雅的古色，茶壶特别的造型让人对这组软装留下深刻的印象。

陶瓷在工匠的巧手之下呈现出完全不同的气质，图 4-62 的托盘则以陶瓷的裂纹、金色的釉彩和装饰画法表现日本樱花季节的绚烂。

日本和纸有着洁白的颜色、纤维肌理和韧性，用它制作的灯具能使光线变得柔和淡雅。用和纸制作的屏风和帘子能同时起到装饰和隔断的作用，有时会辅以水墨画做装饰。与和

纸形成鲜明对比的是传统的日本漆器，以黑色、褐色、深红和金色为主调，精细的绘制或夸张的图案给人们留下深刻的印象。装饰画则以挂轴字画为主，有时也会在屏风和门障上绘制画作（图 4-63）。

图 4-62

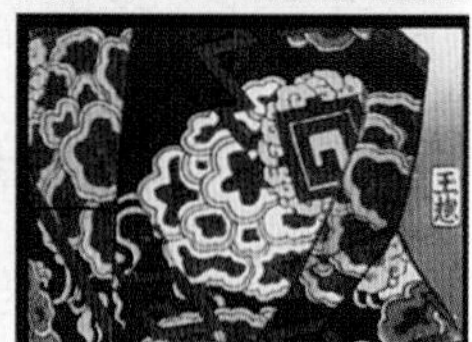

图 4-63

（五）花艺

把枯山水造园手法运用到室内，是实现家居与自然共生最直接的方式，枯山水用白沙象征溪流、大川或云雾，用石块象征高山、瀑布或岛屿，以单纯的材料营造空白与距离，把园林推向抽象的极致，借以灯光，在白墙或木材的映衬下生出依山傍水的诗情画意。

日本的花艺延续枯山水的精神，既是模拟大自然的形态，又进一步提炼这种形态，使人在疏枝密叶间、在有与无之间体悟内心。

室内景观会因为室内客观条件的限制而无法实现，设计师通过鹅卵石铺地和在宽口花器中铺白沙的方式，巧妙地借用了枯山水的元素，高低错落的植物配置留下欣赏的空间。一段枯木更是画龙点睛之笔。

（六）浴室

洗浴是日本文化的重要部分，在日本，每个家庭都配置有一个又大又深的浴缸及淋浴区，厕所则完全位于另外的空间。

日本人只偏爱木制浴盆，日本扁柏和雪松因不容易发霉、变形和具有杀菌效果，而成为制作浴盆的最佳材料，油漆也要使用颜色自然和低光泽度的。设计师要尽量用天光营造一种自然祥和的气氛，隐藏式照明和镜子旁边的射灯也能创造一种柔和的感受。用鹅卵石和竹子做一些铺地或装饰，摆上纯白的毛巾，能够使人在洗浴之时欣赏空间的装饰。

洗手盆用黑色的石头打磨而成，让人联想到庭院中的石头和水钵。除了必要的器物，设计师不想任何东西来打破平静水面和窗外景色带来的清澄感（图 4-64）。

图 4-64

八、新古典风格

（一）定义

新古典主义作为一个独立的艺术流派，最早出现于18世纪中叶的欧洲大陆。新古典主义的设计风格其实就是经过改良的古典主义风格。

经过历史千百年的沉淀以后，现在新古典主义中保留下来的都是古代的精华元素，经得起时间考验而不被淘汰的事物必然有其独特价值。新古典风格几年前开始在中国装饰界风靡起来，它利用现代的手法和材质还原出空间古典气质，使空间具备了古典与现代的双重审美效果，完美的结合让人们在享受物质文明的同时得到了精神上的慰藉，被追求高品位生活的社会精英所热捧。

新古典主义传承了古典主义的文化底蕴、历史美感及艺术气息，同时将繁复的家居装饰凝练得更为简洁精雅，为硬而直的线条配上温婉雅致的软性装饰，将古典美注入简洁实用的现代设计中，使得家居装饰更有灵性。

摒弃复杂的肌理和装饰，新古典主义在材质上一般会采用传统木制材质。用金粉描绘各个细节，运用艳丽大方的色彩，令人强烈地感受传统痕迹与浑厚的文化底蕴，但同时摒弃了过往古典主义复杂的肌理和装饰，简化了线条。如今越来越多的业主会选择新古典主义，因为他们领会到新古典蕴涵着深厚的文化意义，代表着优雅而庄重的生活态度，而不仅仅是家具的仿古、昂贵。

高雅和和谐是新古典风格的代名词。新古典主义风格，更像是一种多元化的思考方式，将怀古的浪漫情怀与现代人对生活的需求相结合，兼容华贵典雅与时尚现代，反映出后工业时代个性化的美学观点和文化品位。

古典建筑是人类精神结构中的一种历史情结，一种埋藏在人类心灵深处的原型图式，只要遇到合适的土壤和温煦的阳光，这颗文化与艺术的种子就会生根发芽，开花结果。于是，今天，新古典主义逐渐变为一种文化思潮蔓延到装饰设计领域，让古典的美丽穿透了岁月，在我们的身边活色生香。

（二）家具

新古典家具源自于古典家具的延伸，其特点结合着现代因素的演变，做工精细（一般以手工雕琢的家具为主），彰显贵气、奢华，体现出上流社会人群生活的态度。

新古典家具可分为中式新古典家具和欧式新古典家具两类。中式新古典家具一改传统中式家具严肃、沉闷的形象，在色彩上更具亲和力，舒适度也大大提升，越来越符合人体工程学在家具上的要求。欧式新古典家具则摒弃了始于洛可可风格时期的繁复装饰，追求简洁自然之美，但同时又保留了欧式家具的线条轮廓特征。

新古典家具强调的最重要一点是“新”，而不是一味地复古。这个“新”不只是指家具的款式，更多的是指家具的内涵。

真正优秀的新古典家具应该是在古典家具款式中充分融合现代元素，或是在现代家具轮廓中融入古典细节，这样才更符合现代审美，才经得起时间的考验、岁月的蹉跎。

如图 4-65，在这个客厅里，家具框架的线条还是趋于简洁，但在椅背或桌角的部分雕刻出古典的精髓，展现在现代的空间中。中东、阿拉伯地区多金主义奢华的气氛也在这儿得到展现，例如金箔、纯银茶具和托盘的运用等，台灯延续到角儿的线条也非常妖娆。传统的中式镂空坐凳经改良后，保留了其外形的中式元素，同时选择了极具代表性的暗红色搭配现代材质、铆钉再创造。带有异国情调的古典主义，配以现代的居室风格，整体设计无不透露着一种优雅的居住美感。

图 4-65

如图 4-66，客厅挂墙的联排画与中式的屏风有着异曲同工之妙。顶部精美的金属吊灯、挂画鎏金的花型图案，再延伸到三人沙发上的金色靠枕，一气呵成、尽显奢华。新古典中演绎着的中东阿拉伯风情，张扬却不跋扈，夸张却不过分，沉稳与大气的设计在银光闪闪的雕刻中熠熠生辉。

图 4-66

（三）色彩

在色彩的运用上，新古典主义也逐渐打破了传统古典主义的忧郁、沉闷，以亮丽温馨的象牙白、米黄、清新淡雅的浅蓝、稳重而不奢华的暗红、古铜色等演绎着新古典主义华美、亲人的新风貌。

（四）装饰品与布艺

新古典主义崇尚的是一如既往的经典和舒适感受，没有复杂的重叠，但是每件主体性的家具都很有造型和个性。随意的一盏水晶落地灯、墙角装点的花艺或雕塑盆栽就能营造出充满人性的亲和感。华美、精致的水晶饰物和考究的手绘装饰画成为点睛之笔。

装饰品在新古典主义风格的室内必不可少。要和整体色调搭配，除了家具之外几幅具有艺术气息的油画、复古的金属色画框、古典样式的烛台、剔透的水晶制品、精致的银制或陶瓷的餐具，包括老式的挂钟、电话和古董都能为新古典主义的怀旧气氛增色不少。

布艺方面，纹理丰富，质感舒适的纯麻、精棉、真丝、绒布等天然面料是必然之选。大理石的运用使室内装饰更讲究材质的变化和空间的整体个性。

如图 4-67，卧室将古典风格的繁重雕塑感简化处理，以较为现代的样貌呈现出来，除古典风格直接联想的白色外，还结合了丰富的素材与色彩。居家材质不拘一格，丰富多元，从抒发浪漫气息的绒类、丝绸到暖意融融的皮毛及织品的互相搭配，丰富的面料选用将时装新锐、时尚的风格潜移默化地引入居家产品之中，轻松流露出个性的张扬，演绎属于主人自己的生活秀。卧房除了给人多金、奢华的感觉，床的布置还把中西文化合并得非常巧妙，尤其是布艺方面，中东、印度的丝绸和中国的丝绸在这儿不期而遇，运用得淋漓尽致。

图 4-67

在一般的房间，往往会设置固定的家具，比如一张床、两个床头柜、一个梳妆台等。但在现实的生活中，人们需要房间具备更多的功能性。将床设定成一个榻，展示出沙滩帷幔的浪漫风情。在夜晚，点亮蜡烛，既可以享受如

同室外的感受，又可以把它当做姐妹聚会的一处场所。榻尾的套桌可以放置咖啡等饮料，实用之余还非常时尚（图 4–68）。

图 4–68

同系列的水钻元素从靠枕的装饰延伸到了落地灯。灯具的直线造型也与窗帘、方形靠枕形成平行层次的立体并列呼应，再导引至主题花艺，使灯具瞬间成为一个雕塑作品，增加了空间的生活质感（图 4–69）。

新古典主义家居软装饰十分注重室内绿化。盛开的花篮、精致的盆景、匍匐的藤蔓等都可以增加亲和力，若再配以奢华的绫罗绸缎，则古典与舒适相映成趣，突出华美而浪漫的皇家情结。洛可可风、维多利亚、比德麦亚风格花艺设计均很盛行在新古典装饰中进行包装。

图 4–69

（五）新古典风格分类

新古典既保持着传统文化中的精髓，又不断在发展变化着。欧式新古典、美式新古典、后现代主义式新古典、装饰主义新古典、中式新古典等最具特色的 5 大类别，每一种格调无不展现极致，每一种古典缔造的新风格都是最美的。设计师们可以从中了解其设计要点、元素运用、手法运用以及相关注意事项，并能了解到很多专用于新古典风格设计中的特色材料（鉴于本书其他部分对这部分所讲述的类似风格有详尽介绍，此部分只做具有新古典艺术风格的总结性介绍）。

1. 欧式新古典

欧式新古典是西方艺术现代变革的产物，也是法国大革命前夕的民情显示，兴盛于 18 世纪中期，19 世纪上半期发展至顶峰。新古典主义一方面强调要求复兴古代趣味特别是古希腊罗马时代那种庄严、肃穆、优美和典雅的艺术形式；另一方面它又极力反对贵族社会倡导的巴洛克和洛可可艺术风格。

欧式新古典的特色是将繁复的装饰凝练得更为含蓄精雅，为硬而直的线条配上温婉雅致的软性装饰，将古典注入简洁实用的现代设计，使得家居装饰更有灵性，使得古典的美丽穿透岁月，在我们的身边活色生香。

●装饰空间：从空间分隔上多用拱形垭口或罗马柱来进行划分（图 4–70），从简单到繁杂，从整体到局部精雕细琢，雕花刻金都给人一种一丝不苟的印象（图 4–71）。通过古典而简约的家具、细节处的线条雕刻、富有西方风情的陈设配饰品的搭配来营造出欧式特有的磅礴、厚重、优雅与大气。

图 4–70

图 4–71

●装饰造型：讲究通过线与线的交织，细节线条多以弧线为主，拼接形成不同的图案，讲究手工精细的裁切、雕刻及镶工。在突出浮雕般立体的质感的同时，追求优美的弧形及弧度（图 4–72）。

●装饰色彩：白色、金色、黄色、暗红是欧式风格中常见的主色调，少量白色糅合，使色彩看起来明亮、大方。门套、垭口、窗套、门均以白色混油为主。

●装饰材料：常见壁炉、罗马柱、水晶灯、蜡烛台式吊灯、盾牌式壁灯、戴帽式台灯、米色大理石、欧式壁纸、地毯、实木地板、欧式仿古砖都是新古典风格中常用的材料。辅材包括欧式石膏线、石膏板、木质雕花、木线条、镜子（图 4–73）。

●家具：将古典的繁复雕饰经过简化，并与现代的材质相结合，整个轮廓和各个转折部分多由对称的、富有节奏感的螺旋形曲线或曲面构成，呈现出古典而简约的新风貌。在色彩的运用上，以金色、黄色和褐色为主色调，讲究手工精细的裁切、雕刻及镶工（图 4–74）。

图 4–72

图 4-73

图 4-74

●饰品：古典床头、蕾丝垂幔，古典样式的装饰品（材料多为焊锡、铜、铁艺等），石雕、油画、羊皮或带有蕾丝花边的灯罩、铁艺或天然石磨制的灯座、人造水晶珠串、玫瑰花饰等。

2. 美式新古典

美式风格起源于17世纪，植根于欧洲文化，它摒弃了巴洛克和洛可可风格所追求的新奇和浮华，建立在一种对古典的新的认识基础上，强调简洁、明晰的线条和优雅、得体有度的装饰。19世纪晚期美式新古典风格兴起，顾名思义即美式风格与新古典主义风格相互融合，形成了延续至今的美式新古典风格，其既简约大气，又集各地区精华于一身的独特风格，充分体现了简洁大方、轻松的特点，呈现出一种粗犷与大气、休闲与浪漫的特质，居住非常具有人性化特点（图 4-75）。

图 4-75

新美式古典风格的特色是从简单到繁杂、从整体到局部，精雕细琢，雕花镶金都给人深刻的印象。一方面保留了材质、色彩的大致风格，可以很强烈地感受传统的历史痕迹与浑厚的文化底蕴，同时又摒弃了过于复杂的肌理和装饰，简化了线条。无论是家具还是配饰均以其优雅、唯美的姿态，平和而富有内涵的气韵，描绘出居室主人高雅、高贵之身份。

●布局：客厅简洁明快、厨房开敞、卧室布置温馨、书房简单实用。

●装饰色彩：用色一般以单一色为主，无论是公共的客厅还是私密的沐浴空间，统一的色调，是新美式古典风格强调实用性惯用的装饰手法，浴室的白色与装饰的壁纸与瓷砖相糅合，使色彩看起来明亮、大方，整个空间给人以开放、宽容的非凡气度，让人丝毫不显局促（图 4–76）。

●装饰材料：一般采用胡桃木和枫木，为了突出木质本身的特点，它的贴面采用复杂的薄片处理，使纹理本身成为一种装饰，可以在不同角度下产生不同的光感。这使美式古典风格比金光闪耀的欧式风格来得耐看。

●家具：用材多为实木，美式家具多以桃花木、樱桃木、枫木及松木制作。较意式和法式家具来说，风格要粗犷一些，崇尚古典韵味，设计的重点是强调优雅的雕刻和舒适的设计，除继续保持传统的深木色外，还采用了黑、白和浅木色等颜色的配饰。

图 4–76

●装饰：除了风铃草、麦束和瓮形装饰，还有一些象征爱国主义的图案，如鹰形图案等，常用镶嵌装饰手法，并饰以油漆或者浅浮雕。常见的壁炉、水晶灯、罗马古柱等古典元素随古典美式家具一道，成为美式新古典风格的点睛之笔。

3. *后现代主义式新古典*

后现代主义是 20 世纪 60 年代以来在西方出现的具有反西方近现代体系哲学倾向的思潮。1966 年，美国建筑师文丘里在《建筑的复杂性和矛盾性》一书中，提出了一套与现代主义建筑针锋相对的建筑理论和主张，在建筑界特别是年轻的建筑师和建筑系学生中，引起了震动和响应。到 20 世纪 70 年代，建筑界中反对和背离现代主义的倾向更加强烈。

后现代新古典强调建筑及室内装潢应该既具有历史的延续性，又不拘泥于传统的思维方式，讲究人情味并使用非传统的色彩，以期创造一种溶感性与理性、集传统与现代、兼大众与行家于一体的“亦此亦彼”的建筑形象。

充斥着现代元素的壁画与简洁的画框被装订在具有现代建筑气息的混凝土墙面上，现代简约造型的台灯，配上具有光亮感的丝缎灯罩，与窗帘的质感遥相呼应，现代中隐透着典雅的味道，只有那古典元素味儿十足的家具与壁纸，传递着后现代新古典风格的语言（图 4–77）。

将古典与现代，传统与时尚的元素兼容并蓄，既对立又统一。设计手法因此也可以达到多元化，灵活多变，利用多种不同的材质组合空间，光亮的、暗淡的、华丽的、古朴的、平滑的、粗糙的相互穿插对比，形成有力量但不生硬、有活力但不稚嫩的风格。后现代主义新古典在一定程度上显示出怀古的浪漫和当下个性化需求的融合效应。

古典与现代的撞击，在灯饰的造型上凸显无疑，但是相近的材料又使得这两个不应该在一个空间里出现的元素看上去有了统一的调和，楼梯间的壁饰在热情的调和着两者的关系，直线与曲线、简约与复古、理性与感性、现代与传统在这个角落里彼此撞击（图 4–78）。

图 4-77

图 4-78

4. 装饰主义新古典

Art Deco 的名称来自于 1925 年于巴黎所举办的艺术装饰与现代工业博览会，起源于法国的装饰主义，是雕琢风格较重的，甚至使用一些贵重金属及材料，及至后来盛行于美国。装饰主义也曾遍及世界各地，包括 1930 年代的中国上海，当年留下的和平饭店等，都是装饰主义美学之作。

装饰主义的美学在第二次世界大战前夕没落，直至 1970 年代，随着后现代主义的兴起，装饰主义再次获得重视，当前则是在风行了十几年的现代极简主义之后，人们对于其冰冷僵

硬感到厌倦，新装饰主义美学应运而生。新装饰主义美学的重要特色即混搭，可以将不同国度、地域、年代、风格的东西共冶一炉。新装饰主义注入新概念、新材质、新工艺，有别于传统装饰主义的浮华，转而更重视实用、典雅与品位，在呈现精简线条的同时，又蕴含奢华感，通过不同材质的搭配，并朝向“人性化”的表现方式进展（图 4–79）。

图 4–79

图 4-80

●家具：材质不再以木制皮质为主，而是多种材料并行，尤以银箔亮漆使用较多，主架多采用不锈钢，营造出一种轻灵、透亮的空间，布艺面料多以丝绒为主，既显得华贵，又彰显浪漫的品质（图 4-80）。

●灯具：新装饰主义的灯具造型简洁，但依然保留了古典韵味，不但采用金属材质，还饰以玻璃、镜面等，摒弃了贵族式的过时，平添了一丝时尚。

●墙纸：壁纸、窗帘风格一致，花纹多采用小勾花为主的矢量图。不同于乡村风格洒满墙壁的碎花，带来的是犹如大自然一般的清新和浪漫，新装饰主义的花纹造型简单，排列整齐，不断重复，规则但不死板，既有现代感又显得富丽堂皇（图 4-81）。

●配饰：作为最主要的配饰，挂画多采用具有抽象艺术的画面，很少有具象内容的作品。地毯搭配羊毛质感，体现出柔美的感觉。瓶子、

图 4-81

烛台、镜框都是常见的装饰品，和窗帘壁纸一样，尽可能带有小勾花的花纹造型。此外，珠帘作为一种浪漫情调的诠释，也常被新装饰主义采用。

5. 中式新古典

新中式风格诞生于 20 世纪末中国传统文化复兴的新时期，伴随着国力增强，民族意识逐渐复苏，人们开始从纷乱的“摹仿”和“拷贝”中整理出头绪。在探寻中国设计界的本土

图 4-82

意识之初，逐渐成熟的新一代设计队伍和消费市场孕育出含蓄秀美的新中式风格。在中国文化风靡全球的现今时代，中式元素与现代材质的巧妙兼糅，明清家具、窗棂、布艺床品相互辉映，再现了移步变景的精妙小品。

新中式风格其实就是对传统中式风格的一种传承，非完全意义上的复古明清，而是通过中式风格的特征，表达对清雅含蓄、端庄丰华的东方式精神境界的追求。新中式风格讲究纲常，讲究对称，以阴阳平衡概念调和室内生态。选用天然的装饰材料，运用“金、木、水、火、土”五种元素的组合规律来营造禅宗式的理性和宁静环境（图 4-82）。

●装饰空间：新中式风格非常讲究空间的层次感，依据住宅使用人数和私密程度的不同，需要做出分隔的功能性空间，一般采用“垭口”或简约化的“博古架”来区分；在需要隔绝视线的地方，则使用中式的屏风或窗棂，通过这种新的分隔方式，单元式住宅能展现出中式家居的层次之美（图 4-83）。

●空间造型：多采用简洁硬朗的直线条。直线装饰在空间中的使用，不仅反映出现代人追求简单生活的居住要求，更迎合了中式家具追求内敛、质朴的设计风格，使“新中式”更加实用、更富现代感（图 4-84）。

图 4-83

图 4-84

●装饰色彩：新中式风格的家具多以深色为主，墙面色彩搭配。一是以苏州园林和京城民宅的黑、白、灰色为基调；二是在黑、白、灰基础上以皇家住宅的红、黄、蓝、绿等作为局部色彩（图 4–85）。

图 4–85

●装饰材料：丝、纱、麻织物、壁纸、玻璃、仿古瓷砖、大理石等（图 4–86）。

图 4–86

图 4–87

●配饰家具：新中式风格的家具可单单为古典家具，或现代家具与古典家具相结合。中国古典家具以明清家具为代表，在新中式风格家具配饰上多以线条简练的明式家具为主（图 4–87）。

●饰品：瓷器、陶艺、中式窗花、字画、布艺以及具有一定含义的中式古典物品等（图 4–88）。

图 4-88

九、地中海风格

（一）定义

地中海“Mediterranean”源自拉丁文，原意为地球的中心，自古以来，地中海不仅是商贸活动中心，更是希腊、罗马、波斯古文明的发源地，是基督教文明的摇篮。具有浪漫主义气质的地中海文明在很多人心中都蒙着一层神秘的面纱，给人一种古老而遥远的感觉。

地中海风格的美，包括海与天明亮的色彩，仿佛被水冲刷过后的白墙，薰衣草、玫瑰、茉莉的香气，路旁奔放的成片花田，历史悠久的古建筑，土黄色与红褐色交织而成的强烈民族性色彩等。地中海风格带给人的第一感觉就是阳光、海岸、蓝天，仿佛沐浴在夏日海岸明媚的气息里。

地中海风格的基础是明亮、大胆、色彩丰富、简单、富有民族性。重现地中海风格不需要太多的技巧，无须造作，本色呈现就好。只要保持简单的意念，取材大自然，大胆而自由地运用色彩、样式（当然，设计元素不能简单拼凑，必须有贯穿其中的风格灵魂），就能捕捉到地中海风格的纯美和浪漫情怀。

（二）色彩

柔和的色彩是地中海闲散生活的写照，蓝色和白色是最经典的地中海色彩搭配，传达来自海洋、蓝天和沙滩的感受。白色的外墙、灰白色鹅卵石铺成的小路、刷成蓝色的门和窗户，在希腊的日照中泛着白光。室内配以各种以蓝白色调为主的装饰品，太复杂的颜色搭配会破坏这种单纯感，亦没有别的色彩比这种颜色搭配更能在夏天为人带来舒爽凉意

（图 4–89）。地中海风格居室色彩运用大致比例为：白色 50%、红色 35%、金色 15%，这是达到室内色彩轻重缓和效果的一个共识。

图 4–89

作为基督教、犹太教和伊斯兰教的起源地，地中海有着复杂的历史和文化，它们为地中海风格的室内设计披覆上不同的外衣——托斯卡纳风格偏爱温暖的米黄色；摩洛哥、西班牙和法国南部则喜欢浓郁多彩的颜色，赭红色、中黄、绿色、紫色等显示了来自陶土和植物丰富色彩的影响。西方文化和伊斯兰文化的交融，让地中海风格呈现出不一样的倾向：希腊风格强调的是蓝与白的纯净感，托斯卡纳风格具有欧洲大陆的田园风，摩洛哥风格室内会有更多的伊斯兰花纹，而西班牙风格则是欧洲古典风格和伊斯兰风格的混合。

地中海风格按照地域自然出现了 3 种典型的颜色搭配：

（1）蓝与白。这是比较典型的地中海颜色搭配，是海与蓝天、白云的颜色。该地区的国家大多信仰伊斯兰教，而伊斯兰教的主色调就为蓝、白两色。希腊的白色村庄与沙滩、碧海、蓝天连成一片，甚至门框、窗户、椅面都是蓝与白的配色，加上混着贝壳、细沙的墙面，小鹅卵石地，拼贴马赛克、金银铁的金属器皿，将蓝与白不同程度的对比与组合发挥到极致。

（2）黄、蓝紫和绿。意大利南部的向日葵、法国南部的薰衣草花田，金黄与蓝紫的花卉与绿叶相映，形成一种别有情调的色彩组合，十分具有自然的美感。

（3）土黄及红褐。这是北非特有的沙漠、岩石、泥、沙等天然景观颜色，再辅以北非土生植物的深红、靛蓝，加上黄铜，带来一种大地般的浩瀚感觉。

（三）布艺

地中海风格是一种讲求天然舒适的风格，随意简单的工艺方式最好带有强烈的手工痕迹。以窗帘为例，圆环穿杆式的悬挂方式应用最广，而复杂的檐口、垂花饰华丽的气息则与简朴的布帘格格不入，窗帘杆多是细细的黑色铸铁杆，既朴素又容易保养。其次使用得较多

的是罗马式平面帘和木质百叶窗。抱枕则鲜有流苏、纽扣、刺绣等装饰，主要是靠颜色和纹样的搭配来制造视觉效果。

棉麻的布料最能搭配粗犷的灰泥面和各种瓷砖，轻纱则能有效过滤阳光而不挡住气流。素雅的条纹图案毫无疑问是最被认可的纹样：海洋是灵感的重要来源，所以希腊地区的布艺总少不了各种帆船、鱼虾、贝壳的形象；来自山地的植物，如柠檬、橄榄叶、爬藤等都是布艺艺术家灵感的来源；一些古老的图案，不似欧式风格和田园风格的复杂，通常是朴素的、几何形状的装饰图案，结合图案化的植物纹样变幻出无尽的美丽。

在室内布艺的应用上，除了常用的抱枕、床上用品和窗帘外，地中海风格经常使用各种披毯，随意地披在桌子、沙发或者床上，能增加轻松的气氛（图 4-90）。

图 4-90

棉质织物的图案大多是条纹、简单的几何形状或传统的团花图案，蓝色、灰黄色和中性色模仿天然的色彩，给人带来亲切和舒适的感受。

（四）装饰品

最常用的地中海装饰品列举如下。

（1）与海洋主题有关的各种装饰品，如帆船模型、救生圈、水手结、贝壳工艺品、木雕上漆的海鸟和鱼等。

（2）独特的锻打铁艺工艺品，特别是各种灯具、蜡架、钟表、相架和墙上挂件。在拱门和马蹄状的门窗中，铁铸的把手和窗栏特别能突出建筑浑圆的造型和粗糙的质感。

（3）彩色瓷砖、小块的马赛克镶嵌或拼贴在地中海风格中算是较为华丽的装饰，在室内应用能呼应赤陶或瓷砖材质的硬装。丰富的颜色和灵活的造型手段，使马赛克广泛应用在墙面、镜框、桌面、灯具等装饰中。

（4）地中海陶瓷通常分为两种。一种是质感粗糙的赤陶，它们因为所用陶土的不同而呈现出不同程度的赭红色，通常被用来种花或装水；另一种是上釉的瓷器，在白底上用浓郁的

颜色画出各种形象，为了配合作为餐具的用途，图案通常是鲜果、植物的形象，这也成为这种陶瓷风格辨认的关键。

地中海充足的阳光通过鲜花和蔬果带到日常生活中，向日葵、薰衣草鲜艳的颜色为室内带来蓬勃的活力，生活在地中海的人们喜欢把大盆的新鲜蔬果摆放出来，展示了人们对自然馈赠的感恩和对生活的满足。

木制和藤制的各种生活小用品，如果盆、大盘子、收纳盒等，既实用又能突出诗歌般的田园气氛。

蓝白相间的陶瓷是希腊优雅浪漫形象的写照，和一朵小绣球花形成刚与柔的对比，以海洋、地中海植物和古典瓶画人物形象为图案的陶瓷更凸显出希腊的文化特征。

在蓝色和白色的简洁搭配中，托盘建筑般起伏的线条和富有伊斯兰风味的蜡烛台给阳台带来优雅的韵味（图 4–91）。

家具、铁艺饰品和布艺都选择了质感细腻的亚光材料，在保持精致的同时使人感到柔和与舒适。在细节上处处充满呼应和微妙的变化——客厅的吊灯及壁灯无论是风格还是材料都是统一的，在造型上却有着较大的差异；白色调包含着雪白、土白、蘑菇白等不同层次的变化；贝壳、海鸟工艺品和薰衣草传达出异国的情调，特别是黑色的铸铁立式钟，那轻盈飘逸的装饰细节仿佛正在描摹海风吹过的时刻。

餐厅与厨房之间的拱窗因为摆放了造型大方的陶瓷果盆，而使视觉有了集中点，色彩鲜明的地中海陶瓷大大勾起了人们的食欲。薰衣草、油灯和水果象征着地中海田园富足休闲的生活。天蓝色条纹的布艺餐椅给暖色调的空间注入一股清爽的海洋流（图 4–92）。

图 4–91

图 4–92

抱枕和披毯的布料采用与客厅相同的织物，对称的铸铁床头以浅浅的壁龛为背景，柔美的线条和拱形相呼应，窗帘选择华丽多彩的鲜花图案，与整体的纯色调形成对比，让卧室显得更加活泼（图 4–93）。

图 4–93

（五）地中海风格的特点

（1）圆形拱门及回廊通常采用数个连接或以垂直交接的方式，展现延伸般的透视感。墙面处理（只要不是承重墙）也常运用半穿凿或者全穿凿的方式来塑造室内的景中窗。

（2）家具常常擦漆做旧处理，这种处理方式除了让家具流露出隽永质感，更能展现家具在地中海的碧海晴天之下被海风吹蚀的自然印迹。

（3）在窗帘、桌布与沙发套、灯罩的材质选用上，均以低彩度色调和棉织物（格子、条纹或小细花的图案）为主，感觉纯朴又轻松。色彩偏好蓝白，也常用蓝紫、土黄以及红褐。

（4）常利用小石子、瓷砖、贝类、玻璃片、玻璃珠等素材，切割后再进行创意组合装饰。马赛克镶嵌、拼贴在地中海风格中算较为华丽的装饰。

（5）白墙常涂抹修整成一种特殊的不规则表面。地面则多铺石板和陶砖，独特的锻打铁艺家具，也是地中海风格独特的美学产物。同时，地中海风格的家居非常注意绿化，藤蔓类植物是常选，小巧可爱的绿色盆栽也常使用。

十、阿拉伯风格

（一）定义

阿拉伯世界西起大西洋东至阿拉伯海，北起地中海南至非洲中部。了解了阿拉伯世界复杂的地理位置和历史后，你会惊奇于他们如何把丰富的图案想象力，建立在欧洲艺术的基

础上，形成极具民族特色的室内装饰——来自罗马和拜占庭的马赛克艺术和哥特式建筑相互影响的各式尖拱，糅合了西班牙文化的摩洛哥样式等。但无论如何，阿拉伯风格设计灵感主要来源于绵延起伏的沙漠，以及阿拉伯民族的装饰图案（图 4-94）。

图 4-94

（二）色彩

阿拉伯风格的色彩方案有两种：第一种是以白色和泥土色为基础，点缀其他色彩。黑、白、绿是伊斯兰教最崇尚的颜色，特别是大面积的白色，除了代表洁净，也能为炎热的阿拉伯地区带来清凉感。泥土色来源于沙漠不同层次的沙子，带给人敦厚、踏实的感觉。

另外一种以颜色浓郁的摩洛哥样式为代表——各种各样的红色、品蓝、深紫色、橙黄、松石绿，配上来自海滩和泥土的中性自然色，如沙色、灰褐色、米黄色、灰白色等。用色大胆的高光墙充满活力，使你的室内空间充满层次感，为家具和织物创造了一个活泼的背景。

如图 4-95 中，浪漫的紫统治了主要的视觉感受，再花俏的陈设也不会过于跳脱而显得凌乱，设计师获得极大的余地去施展他古怪的趣味，体现在那些样式各异的陶器、玻璃插条和粗绒线的镜框上。

如图 4-96，卧室和书房的主色调是暖暖的黄色，因此家具和配饰的颜色与起居室的丰富相反，基本是温和的中性色，才能保持整体的和谐，唯有毕加索立体派绘画的复制品在一片暖色中如此醒目。藤编家具整体造型具有舒缓的曲线感，因为造型过于简约或过于豪华的家具都不适合这个室内的风格。壁龛和搁物架为陈设品提供了有趣的背景，不过最令人难忘的还是书房里那张古老的书桌，斑驳的痕迹让它看起来如此具有历史感和亲和力。

图 4-95

图 4-96

（三）家具

木制或铸铁的桌椅、用长毯或奢华的长绒软垫铺在沙发上，是阿拉伯家具最基本的两种样式。无论木制还是铸铁，阿拉伯的家具都要用大量的花纹来装饰、雕刻，漆绘、瓷砖和黄铜铸造都展现出阿拉伯风格家具的繁复，用马赛克拼贴或者大块的黄铜来充当桌面是阿拉伯家具一个非常有趣的特点。与欧洲古典风格不同，阿拉伯的木雕椅子在造型上显得更为稳重，没有那么多藤藤蔓蔓的装饰。

色彩明快的布艺沙发配合五颜六色的沙发覆面和抱枕，则帮助营造一个更为现代、更为轻松的室内环境。

如图 4-97，六角形彩绘小木桌是最常见的阿拉伯家具，搭配起来也非常方便，低彩度的抱枕和土红色的墙面带来了大地的气息。

如图 4-98，四周有沿的铜盘桌面，以及用混凝土夯成的沙发是阿拉伯地区特有的家具形式。黄铜、锡和玻璃做成的餐具带来浓浓的异域风情。

图 4-97

图 4-98

（四）布艺

没有哪个阿拉伯风格的室内可以离开毯子和抱枕，这些织物是古典图案与丰富色彩的结合，充分显示希腊和亚洲的影响。其主要成分是丝和羊毛，丝的光泽柔和鲜亮，手感柔软，而羊毛厚实保暖，吸引人们在上面聊天休息，提供舒适安全的感受。在抱枕方面，除了丝和羊毛，还会使用刺绣和短绒毛进行制作，以增添更丰富的效果。

毯子的用途相当灵活，有的和房间一样大，有的却只有祷告毯那么大，它们被用来铺在地板上、椅子上和床上，用来装饰墙壁或者作为门帘隔开不同的空间。大量粗横棱织纹被认为是椅子和沙发不可缺少的元素，不过在现代，地毯可以是豪华的也可以是简朴的，除了传统的花纹，也能融入现代的设计和颜色，使之更适合现代家具。

图 4-99

丝质和刺绣的抱枕体现的是精致的、宫廷式的阿拉伯风格。宝蓝色的丝缎闪烁着冷冽的光泽，在低沉的红色中显得如此特别与高贵。

相比起地毯和抱枕，窗帘则显得朴素得多，为了应付炎热的天气，窗帘和床的帷幔、帐顶、华盖通常使用轻纱或薄棉布，既能遮挡日光又不阻止风的进入。有些帐顶延续了沙漠帐篷的造型，不仅用在床上，还可以用在走廊、大型的壁龛或者卧室中，为空间增添气氛。

如图 4-99，这个帐篷保留着摩洛哥样式颜色的精髓，选择了图案更简洁的布艺，传递出轻松的、现代化的阿拉伯风格。

（五）装饰品

对于阿拉伯装饰来说，最重要的就是花纹，伊斯兰教禁止偶像崇拜和一切描绘万物生灵的形态，阿拉伯的艺术家便把一切智慧都运用在器物和花纹的设计上。他们用几何、植物和阿拉伯书法这三种元素，变幻出无穷无尽的、令人赞叹的纹样。你可以倾向素雅或艳丽的颜色，你可以偏爱古朴的木头或纤细的铸铁，但无论使用什么，你都要保证上面布满了花纹。阿拉伯风格的最高境界，便是各种花纹有机地统一在一起，既不能只是用一两种纹样，又不能毫无计划地把一切堆放在一起。

如图 4-100，圆形的镜子仿佛是滴入方形世界的水滴，引起形式变化的涟漪，它映照细腻的镂空台灯，在光与花纹的重重叠叠中构筑一种多层次的视觉趣味。

如图 4-101，无论柔媚还是简单的造型，阿拉伯风格灯具绝对不能缺少纹样，而且还要善于利用镂空的纹样创造出绚烂的灯光效果。

图 4-100

图 4-101

黄铜和锡的制品是阿拉伯风格装饰品的主角，黄铜制成的灯和香炉既实用又能吸引人们的视线。灯通常是吊灯，全盏镂刻着精细的花纹并镶上玻璃，使得光线变得更加柔和，阿拉伯热爱焚香，所以香炉和灯一样精美。黄铜和锡还被用来制作精雕细刻的蚀刻托盘、茶具、烛台、花瓶和盒子等，配合灯光闪烁在室内的每个角落，展现别样精致。

其他流行的阿拉伯装饰包括镜子，镜子框同样是布满纹样或雕刻的金属、木头框架。还有粗厚、鲜艳的彩色陶瓶，有些会绘上粗犷的几何纹样，用来挂在墙上、盛放食物和花卉或作为台灯架。

阿拉伯纹样拒绝描摹自然、没有主体，强调线条，表现出一种不断重复的、迷宫般的特质（图 4-102）。

在洗浴空间，设计师通过软装饰，将海洋的浪漫和沙漠的热情混合在一起，贝壳状的洗手盆和大块珊瑚让人联想到关于海洋的各种传说，洗手间内外的镜子都用具有异国风情纹

样的镜框装裱起来，琳琅的玻璃马赛克墙面映衬着毛茸茸的纱帘，把室内的气氛推向极致（图 4–103）。

图 4−102

图 4−103

（六）室内装饰运用建筑造型元素

阿拉伯建筑有着竖直的窗户、各种造型的圆拱和尖拱，厚厚的墙壁连接着穹顶和房瓦，墙内雕刻出扇形或贝壳形的壁龛——这种壁龛用于盛放书籍或陈列品，大的甚至可以当做休息用的凹入空间。铸铁窗户、雕刻或漆绘大门，黄铜或铁的扶手装饰其上——这些代表阿拉伯的建筑造型元素常常被运用到室内。

阿拉伯风格的墙壁不需要墙纸，选好适合的颜色再均匀地涂抹上去即可，泥上彩绘或者马赛克镶嵌最能体现阿拉伯风情，和家具及装饰形成呼应，譬如配以大型的木装饰板或铸铁饰品。房梁、门楣、墙饰带和天花板也被绘上丰富的艺术图案，如星形、八角形、几何纹和花卉等。

除了常规的圆拱，阿拉伯风格的拱顶从不单调——洋葱形拱顶、葫芦形尖拱、带弧线的三角形拱顶以及联合拱顶。我们能在壁炉、假窗装饰、护墙板、床头板、屏风甚至镜框等装饰上找到阿拉伯风格对拱形的灵活运用，拱形的曲线则使空间更加柔美。

木制菱形格栅板则是最佳的百叶窗、遮阳板和柜门，房间的角落可以放置隔断或者是屏风，镂花板则要显得华丽且极具古典韵味，大自然的光透过镂花板投射在多彩的室内，使整个室内变成一件完美的艺术杰作。

贝壳形的壁龛顶部的射线仿佛是太阳射出的光芒，充满神圣感，对称的设计和古典阿拉伯式家具进一步强调了庄重感（图 4–104）。

洋葱形拱顶和花纹复杂的镜框充分说明了这是个阿拉伯风格的室内。黄铜的灯座采用了和镜框一样的质感。它们和花瓶、桌子的颜色是如此的和谐（图 4–105）。

雕板挂饰和铸铁家具是最常用、也是最便捷的阿拉伯装饰。

阿拉伯人不会满意没有颜色和花纹的地板，他们从古罗马和拜占庭那里学来各种高超的瓷砖制作、拼贴艺术，因此瓷砖不仅用来铺贴庭院、客厅、厨房、浴室甚至是卧室的地面，还常常被用来装点门和窗户的框、柱子,甚至桌面、镜子、画框和墙面。总之,如果有哪个地方你觉得过于空白又想不到用什么装饰时,就用拼贴马赛克吧。

马赛克装点的假窗,集中了人们的视线。在米白色墙的平衡下,又使人的视觉不过于疲劳,马是成功者的象征,也是阿拉伯文化的符号之一(图 4-106)。

图 4-104

图 4-105

图 4-106

第五章 家居饰品设计风向之混搭设计

一、混搭的概述

“混搭”一词已经频繁地出现在我们的生活中的各个方面，例如服装、饮食、建筑、文化等等，这种或具象或抽象的混搭，无一冲刺着我们的目光，拨动着我们的想法。然而，在工业革命时期，技术给人们的生活带来变化的时期，梳妆的台面下方有盆架可以抽出，用镜子遮住化妆等用具的功能家具似乎成了“混搭”的印记。19 世纪到 20 世纪初，古典主义穹顶与哥特风格建筑的结合，最具代表的巴黎歌剧院，虽然在那一时代人们心中这不是一个成功的案例，但我们不可否认，建筑师在此时已经开始尝试将不同的风格进行“混搭”。在追求极简形式的现代主义时期，则出现了建筑中玻璃与钢筋混凝土的材质混搭。到了设计风格多元的 20 世纪后期，美国设计大师文丘里提出“少则乏味”的观点，主张折衷的风格，如安妮女王椅，这些时期的混搭踪影促成了混搭风格的发展史。

（一）混搭的概念

混搭，即混合搭配。就是将由于地理条件、文化背景、风格、质地等不同而不相组合的元素进行搭配，组成有个性特征的新组合体。狭义上讲，“混搭”属于时尚界的专有名词，专指服装的混合搭配。广义上讲，“混搭”存在于各个领域，如中西合璧的混搭建筑风格、混搭音乐、混搭文化以及在语言领域的混搭词。室内陈设的混搭是狭义上的混搭概念，是指在室内设计中采用风格、文化、地域、肌理、质感、年代等等不同的家具及装饰品进行有主题、有风格创作的混合搭配组合。

（二）混搭的起源

“混搭”通过 Mix&Match 翻译而来，对于翻译者已无从证实。混搭，作为专业术语的出现，目前普遍的说法是来自服装界。自 2001 年的时装界，日本的时尚杂志《ZPPER》写道：“新世纪的全球时尚似乎产生了迷茫，什么是新的趋势呢？于是随意配搭成为了无师自通的时装潮流。”从字面上来看就是混合搭配，将不同材质、不同类型、不同色彩等看似相异的部分组合在一起，形成一种新的感觉。有人认为，这是新世纪中人们对于时尚的迷茫，因而出现了无师自通的随意混搭的服装潮流。随着现代科技的进步，设计更加注重人的情感表达，美的多元化。混搭的特点在于冲破传统着装观念，丰富、个性、随性，迎合了现代社会人们追求多元个性化的需求，随之而来的便是人们将这种随意的搭配延伸至建筑、室内空间、影视平面、生活等社会的各个方面。

二、混搭设计类型

混搭风格作为室内陈设的其中一种风格，它更为注重人们不同的审美需求，将多种元素按照一定的空间氛围、比例、色彩、材质等进行重新组合。

混搭的手法形式上包括诸如搬演、拼贴、混杂、组合、反讽等。一般说来，混搭风格的"跨度"越大，越吸引人。这里的"跨度"广义上包括跨越文化背景、跨越时空、跨越地域、跨越种族，狭义上包含材质、质地、肌理、色彩、涂装、风格等，这些在家居陈设品上的跨度越大，混搭的反差效果就越强，反之亦然。

（一）反讽艳俗混搭当代经典

谈到混搭手法运用的最成功的商业案例品牌莫过于意大利著名奢侈品沙发品牌——"Baxter"（贝克斯特），大家非常熟悉的经典之作就是那款近乎全圆角的名为"Chest Moon"（月球）的沙发（图 5-1）。"Baxter" 2014 年在米兰国际家具展上展出的产品，采用独特模压花纹印制在皮革上，成为市场上首次推出此类皮革的品牌。"Baxter" 设计师 Paola Bestetti 自信地说道"我们成功的秘密在于我们知晓如何混搭各类风格，并且永远走在消费者的前面。"他们总是创造一些令消费者意想不到的产品。他们坚持认为，在古典和极简风潮后，拥有更多个性化的表现和变幻无穷的混搭将是最新的一股潮流。台湾的一些设计媒体称其有"反骨性格"。由此可见，混搭手法的运用不仅把"Baxter"这个品牌从众多的高端皮革沙发品牌竞争对手当中区隔出来（使其从古典品牌摇身一变跻身进入现代时尚圈），更重要的是此举赢得了客户的追随和时尚界的好评。

图 5-1

（二）经典传统风混搭现代简约派

经典的传统风格与现代的简约风格混搭，是将传统的民族风与现代的时尚元素进行混搭，使得在保有民俗特色的基础上体现现代气息，符合现代都市特征。

经典传统风混搭现代简约派，可展示特色民俗的格调，或是东方现代感，又或是国际化路线的格调，包含了多种意识、元素相互交织的室内空间，彰显独特的艺术品味。图 5-2 中，东方的木桌条凳、竹面立柜与西方的水晶灯、抽象派的油画，混搭出既静谧又时尚的味道。

（三）东方文明混搭西方现代

东方与西方的混搭，可以是风格上的混搭，也可是文化上的混搭。东西方在历史的发展过程中，产生了多种设计风格，对于这些风格的混搭，可产生意想不到的效果。图 5-3 中，中国传统的青花瓷运用在欧式烛台的造型中，将东方文明与西方风格相互糅合也相互对比。

图 5-2

图 5-3

（四）手工制作混搭精密制造

手工制作一直都是设计师热衷的一种创造性活动。例如意大利首屈一指的豪华功能性大门、衣帽间及敞门设计和生产商 Rimadesio，在 2014 年米兰国际家具展的空间陈列上表现不俗。其 Dress Bold 衣帽间陈列中使用了手工铁丝弯曲成型的衬衣的线型图，悬挂在衣帽间、大衣柜里面示范性展示收纳的功能。Rimadesio 主要运用玻璃及铝合金作为设计产品系列的原材，其滑动嵌板组合采用设计时尚的上置式轨道，因为做工精密至极，所以开启顺畅宁静。其产品系统又对人的居住空间进行细分，门户、居室门、敞式嵌板、巨型衣柜等系列产品的制作十分精密。设计师们通过铁丝手工弯曲制成的衣服的线型图，如同设计师手绘作品跃然纸上又活灵活现，与玻璃金属这些经过严谨切割精密加工的家具形成了鲜明的对比，手工制品虽然简单粗糙，但是既可以表达空间收纳的功能，又能在鲜明对比的反差中形成具有很强混搭冲击力的效果。这种路径给予设计师更多的启发。另外，Cassina 今年也在空间中混搭了一些手工制品，茶几上陈列的花器是用亚麻布手工剪裁手工缝制而成的，这些不对称甚至有点制作粗糙的手工品混搭进入现代精密机械生产制作家居空间，形成强烈的视觉反差，令人耳目一新。

如图 5-4，传统的石块累积成的台案与背景的现代机械加工的条形石材铺装的装饰墙形成强烈的手工制作混搭精密制造的风格。

图 5-5 的灯饰设计是运用对材料的不同表现手法，将手工的质朴风格与机械加工的现代风格混搭，典型的手工制作混搭精密制造。

图 5-4

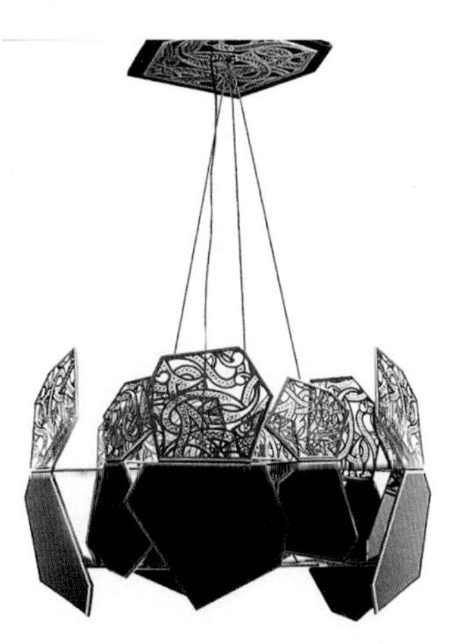

图 5-5

（五）旧物混搭新面貌

新与旧的混搭，从字面理解，主要是新旧元素的混搭，例如新家具与旧家具的混搭、新空间与旧陈设的混搭、旧空间与新物品的混搭（图 5-6）。

（六）自然风景与现代技术混搭

在居住空间中运用具象或抽象设计手法，将自然风景引入室内，并利用开放式空间，使得室内空间室外化，让人和自然产生一种零距离。与此同时，在室内利用一些钢架结构、设备、通风管道的外露，体现一定的现代社会工业特征，让这两者之间的碰撞产生一定的现代感。混搭风格为室内陈设带来一些新的可能，新的感受，它是对于多种历史文化保持一种兼容的态度。本文主要从不同地域不同时代的室内旧物的角度，通

图 5-6

过一定的设计方法，推陈出新，塑造展现多元个性化、低碳环保的居住空间。

三、混搭设计的方法

非常流行的“混搭”设计不免受到反理性的追求，所以设计者更要注重人文精神和社会文化元素的整合，并且将其贯彻到实践中。而另一方面更要注重将理性和感性同时融入到产品的设计中，要把握好整个产品中理性元素和感性元素的比例分配，寻找两者最佳的融合点，也不能让产品失去本身的个性。此外，在表达人本身精神方面，要求设计者要有高度的社会责任感。在当下复杂的社会环境下，作为一名设计者，责任绝对不仅是描绘人们理想状态的美丽景象，而要在生命本身和灵感的顿悟下，实现对自身直觉形态的超越，使其设计本身充盈、健康，给欣赏者带来真正美的感受。

正如前面所述，混搭最早兴起于时装设计界，接着室内设计领域中的混搭风格逐渐兴起，因此混搭在这两个设计领域的发展要相对成熟些。纵观整个设计史，我们看见没有哪个设计风格不是从借鉴其他风格开始的，我们要掌握好混搭在家居装饰产品设计中的发展，同样也可以借鉴时装设计和室内设计领域混搭的发展方式、创作手法和设计经验。

（一）遵循美学法则

作为设计的一种类型，服装设计、室内设计与家居装饰产品都有相同之处，它们都与色彩、材料、造型等设计元素有关，它们都遵循形式美法则，它们都受使用对象——人的限制。

室内混搭，涉及的范畴比较大，涉及的元素也多，是整个一个空间内的混搭，包括家居、装饰等等，因此混搭需要考虑一个大环境的因素，要注意整体的效果。

（二）混搭设计需兼顾机能与情感的象征

混搭产品与一般的产品一样扮演着两个角色：第一个角色，即家居装饰产品自身固有的角色，从使用家居装饰产品这一基本需求出发，可称之为机能角色，尤其在功能性家居装饰产品的设计中，此方面内容需要认真思考与设计；第二个角色，是人的主观情感投射在产品上形成的角色，它在使用情境中显示出了人的心理性、社会性、文化性的象征价值，可称之为象征角色。家居装饰产品的产品形象与软装风格的统一与呼应，主要依靠此类产品所塑造的象征功能，只有同时具备机能角色和象征角色才是完整的角色。

而混搭产品与一般产品在这两个角色上的不同之处就是，混搭产品的机能角色要较一般产品新颖多样，而在象征角色上混搭产品则更多包含了多元的文化和象征意义，这也是家居装饰产品塑造的重要方向。

（三）混搭设计方法

1. 从适用情景切入

产品总是存在于特定的环境之中，而特定的环境对产品有特定的要求，尤其是家居装饰产品，与家居环境及风格的相协调是家居装饰产品设计的一项基本要求。

人—产品—环境构成了设计的全部。家居装饰产品的意义只有在其特定的家居使用环境中才能实现，因此家居装饰产品设计以适用环境为切入点，充分考虑与借鉴装饰风格，借用典型的风格元素，认真思考其使用场景与环境才是家居装饰产品设计的正确方法。

2. 从产品的象征意义切入

混搭产品归根结底就是要表达出产品背后文化的融合，因此，我们可以试着逆向思考。就是指当先选定了两种用于混搭的文化后，根据两种文化的特征，准确提炼出文化元素的符号，将此符号运用于家居装饰产品的形态中来表达混搭文化的象征意义和功能性。

3. 求同存异法

求同存异法是一个可直接应用于实际设计的方法。这个方法，有可能理论上不太规范，但在实际设计中应该比较实用，不足之处也是有的。

何谓求同存异法呢？混搭讲的就是在原本的混沌中引入一种自由，开放的新的有序的价值观，即混搭是一些元素经过创造性的重新组合生出新事物的过程。而求同存异法就是力图在这些用于重新组合的不同的元素中找寻它们的相同之处，同时保留下它们的个性部分（即不同之处，常见手法为运用不同材料来表达不同的产品性格）。其中这些元素的相同之处是用于结合混搭的桥梁。如图 5-7 中，相同之处即为材料的功能性，平整的表面均可运用于桌面的设计，另一个相同之处即为玻璃的切割工艺可以打造出与木质材料自身天然纹路一致的边缘效果。而个性部分就是将不同性格——传统与现代的两种材质混搭组合，得到撞击的视觉效果。

图 5-7

（四）产品混搭设计的程序

1. 设定使用情境

在具体设计任务确定后，首先要设定使用情境。使用情境中有人、物、社会等要素，可借由环境心理学者对环境行为要素的观察方式来帮助界定，即：

（1）是谁使用——设定目标人群。

产品混搭设计追求个性和与众不同，因此会受到目标人群的限制。目标人群越广，由于受到个人对于个性的认知情况不同，个性的感受就较难达成一致的共鸣。反之，目标人群设定如果较为单一的话，就能使混搭的表达更为容易，达成一致的共识。

（2）使用产品从事何种活动。

即产品为了完成什么任务——基本使用功能。这点在混搭中很重要，例如，一件产品如果想象同时具备两种不同属性的功能，那就成了一种新鲜的功能混搭。

（3）操作、使用方式的研究。

（4）社会文化涵构。

地域特征、文化特征、民间风俗……。这里的文化涵构指的是混搭性质的文化涵构。这一点对混搭也很重要，混搭设计中所确定的产品要表达的文化涵构，就相当于确定了混搭的内容，接下来的设计方向与内容就会清晰明了。

（5）在哪里。

确定具体使用环境、空间情况。在不同的社会环境中，不同的使用环境中，混搭设计需要具体调节。

2. 根据设定的使用情境，确定混搭的方式及内容

根据设定的使用情境，提取产品角色，探讨产品固有的角色及在某情境内应有的地位和象征以及收集已存在资料。然后根据已有的资料，研究分析此次设计中混搭的核心内容。

3. 利用产品造型语言完成混搭的创想

提取所选用的各混搭风格的设计元素进行混搭创想。

4. 混搭设计构想的可行性评估

考虑产品造型是否有技术上的要求及经济因素的限制，是否与产品的技术、机能要求以及系统运作一致？评估设计构想可行性的评价标准各国都不尽相同。 不管是哪国的评价标准，虽然稍有不同，但是主体内容是相近的，我们可以根据中国的具体情况设定评价标准。

由于混搭设计的特殊性，除了按照一般产品设计的可行性评估标准评估外，还需要一些特殊的标估标准：

（1）混搭的各元素之间是否和谐，有无杂乱、主次不分之处；

（2）混搭的外在因素是否很恰当地表现出了混搭文化的内涵意义；

（3）混搭是否遵循了混搭设计的本质，即这个设计是否将混搭与折衷主义、拼接等混淆；是否落入形式主义，而失去文化内涵。

参考文献

[1] 简名敏 . 软装设计师 . 南京：江苏人民出版社，2011

[2] 姜淑媛 . 家用纺织品设计与市场开发 . 北京：中国纺织出版社，2007

[3] 李雨苍,李兵 . 日用陶瓷造型设计 . 北京：中国轻工业出版社，2000

[4] 李正安 . 陶瓷设计 . 杭州：中国美术学院出版社，2002

[5] 李家驹 . 日用陶瓷工艺学 . 武汉：武汉工业大学出版社，1992

[6] 边守仁 . 产品创新设计 . 北京：北京理工大学出版社，2002

[7] 尹定邦 . 设计学概论 . 长沙：湖南科学技术出版社，2003

[8] 万斐 . 论以消费者需求为导向的我国陶瓷餐具设计 .[硕士论文]. 景德镇：景德镇陶瓷学院，2011

[9] 徐海霞 . 我国现代日用陶瓷产品创意设计研究 .[硕士论文]. 景德镇：景德镇陶瓷学院，2013

[10] 杨裕国 . 玻璃制品及模具设计 . 北京：化学工业出版社，2003

[11] 杨清 . 水晶在现代室内装饰设计中的文化内涵及发展趋势研究 .[硕士论文]. 苏州：苏州大学，2008

[12] 杨轶 . 中国贵金属摆件设计的探讨 .[硕士论文]. 北京：北京服装学院，2012

[13] 简名敏 . 软装设计礼仪 . 南京：江苏人民出版社，2013

[14] 凤凰空间・华南编辑部 . 软装设计风格速查 . 南京：江苏人民出版社，2013

[15] 王沫苏 . 室内环境设计中混搭风格的应用[J]. 现代装饰理论，2013

[16] 殷智贤 . 混搭中产家[M]. 北京：中国人民大学出版社，2005

[17] 中国机械工业教育协会编著 . 工业产品造型设计[M]. 北京：机械工业出版社，2004

后　记

本书在编写的过程中得到了河南工业大学李文庠副教授的关心和支持，本书的出版，又在东南大学出版社胡中正编辑及同仁的热心与督促下完成，在此表示诚挚的感谢！

本书在成书的过程中，参考了较多工业设计、软装设计等方面的新鲜知识，并运用了大量软装设计与软装家居装饰产品创意设计的图片，部分图片来源于网络，参考的图片版权归其作者所有。

本书由孔雪清（河南工业大学设计艺术学院工业设计系副教授）编写。